U0052154

Pâtisserie française sans gluten

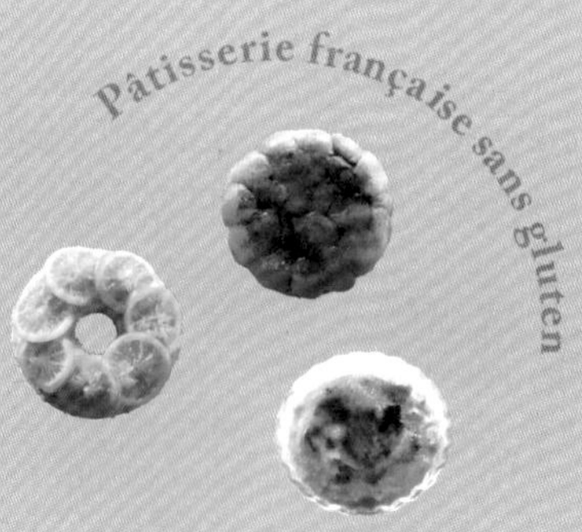
Pâtisserie française sans gluten

Pâtisserie française sans gluten

Pâtisserie française sans gluten

Pâtisserie française sans gluten

烘焙新手也能作的
無麩質法式甜點

以米粉作40道絕對好吃的經典甜點

Préface

法式甜點也可以無麩質

學習法式甜點的人，當然希望自己能烘焙出最正統的甜點，
在材料上也會選用近似法國當地的粉類，
我也不例外。

但有一天，我意識到了一件事，畢竟我是個日本人，
要在日本作出正統法式甜點的確有些困難。
我想以日本本土的食材來詮釋法式甜點，
如果甜點因此變得更加可口，那該有多棒！

抱持著如此想法的我找到的食材是米粉。
像奶油餅乾這類點心，以米粉烘焙出的口感特別鬆脆。

其實我母親的老家經營米店，
小時候我很喜歡聞祖父碾米時傳來的香氣，
不禁令我想起翻攪著米糠的情景。
在這樣的環境薰陶下，讓我找到了米粉。

米不含麩質，容易消化，沒有麵粉裡麩質（小麥所含的一種蛋白質）特有的黏性，
因此有益腸胃健康。

除了米粉，我也開始嘗試使用黃豆粉、玉米粉及豆渣粉這類無麩質的粉類，
這讓烘焙更饒富趣味。最後發現沒有麵粉仍舊可以作出法式甜點，
於是我融入法式甜點的精髓，創造出Yokiko原創食譜。

希望讀者也能品嚐無麩質甜點的味道、口感，
並感受它對健康帶來的影響。

Y. Ohmi

sommaire

2 法式甜點也可以無麩質

6 製作無麵粉甜點

8 本書使用材料

10 本書使用烘焙用具

12 法式甜點用語集

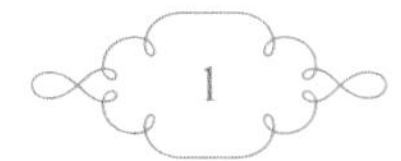

傳統法式甜點

14 ◈ 何謂傳統法式甜點

16 ◈ 傳統法式甜點的典故

Madeleine
18 瑪德蓮

Visitandine
20 杏仁花朵蛋糕

Éclair
22 閃電泡芙（巧克力&檸檬）

Cannelé de Bordeaux
25 可麗露

Polka
26 波爾卡

Lunettes
29 眼鏡餅乾

Biscuit de Savoie
30 薩瓦蛋糕

Pain de Gênes
32 熱那亞杏仁蛋糕

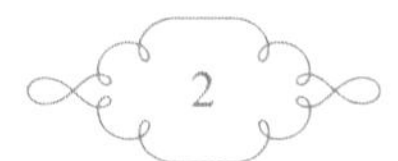

法國地方甜點

34 ◈ 法式甜點紀行

Galette bretonne
38 布列塔尼酥餅

Far Breton
40 蘋果法布魯頓

Loriquette
41 杏仁三角蛋糕

Gâteau nantais
42 南特蛋糕

Dacquoise
44 達克瓦茲

Gâteau maïs
46 玉米蛋糕

Le creusois
47 克茲瓦蛋糕

Pain d'épices
48 香料蛋糕

Croquants
50 杏仁榛果脆餅

製作須知

- 揉麵糰時，可灑上適量的手粉（米粉，分量外），不過最好不要灑，烘烤出的點心會更加美味。
- 從冰箱取出的麵糰請置於室溫回溫後，再送進烤箱。
- 烤箱溫度和烘烤時間因機種而異，請依標準規格進行調整。本書使用電烤箱，若使用瓦斯烤箱，請將溫度設定得比標示溫度低10至20℃。
- 出爐的甜點基本上稍微放涼後，脫模靜置於網架上冷卻。

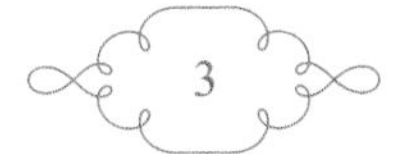

下午茶點心

52 ◈美好時光・下午茶點心

Montecao
54 肉桂小圓餅
Diamants
鑽石餅乾
Galette au Maquiberry
55 智利酒果薄餅
Cookies aux noix et au chocolat
核桃&巧克力餅乾
La Rose
58 玫瑰餅乾
Friand aux noisettes
59 榛果小蛋糕
Succès
60 勝利堅果夾心
Biscuits de champagne
62 香檳餅乾
Sablés aux raisins
64 葡萄乾奶油酥餅

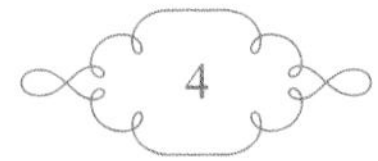

點心時間的甜點

66 ◈溫暖點心時間的手作甜點

Tarte aux cerises
68 櫻桃塔
Tarte aux pêches
70 桃子塔
Tarte à l'ananas
71 鳳梨塔
Moëlleux au chocolat
75 熔岩巧克力蛋糕
Génoise à la confiture
76 果醬夾心海綿蛋糕
Gâteau classique au chocolat
78 古典巧克力蛋糕
Grenoble
80 核桃巧克力磅蛋糕

餐後甜點

82 ◈完美的句點・餐後甜點

Tarte Tatin
84 翻轉蘋果塔
Cake à l'orange
86 柳橙蛋糕
Soufflé aux citron
88 檸檬舒芙蕾
Crème catalane
89 加泰隆尼亞布丁
Tarte aux citron
90 檸檬塔
Bacchus
92 巴克斯巧克力蛋糕
Tiramisu au riz
94 米布丁提拉米蘇

〔內餡〕

24 卡士達醬

〔塔皮〕

24 泡芙外皮
28 酥塔皮
74 甜塔皮

製作無麵粉甜點

「以麵粉製作法式甜點」被視為理所當然，
因此無麵粉法式甜點在過去根本是天方夜譚。
在此為大家介紹無麵粉甜點的製作方法。

以什麼材料取代麵粉？

主要以米粉取代麵粉，或使用黃豆粉、玉米粉及豆渣粉等無麩質粉類。

究竟為什麼要使用麵粉？

麵粉含有穀膠蛋白與麥穀蛋白，這兩種蛋白質加水搓揉後，會形成具有黏性及彈性的麩質。麩質會使麵包或蛋糕產生氣泡進而膨脹，吃起來有嚼勁。

黃豆粉

玉米粉

豆渣粉

米粉

任何甜點都可以不使用麵粉嗎？

製作大部分的法式甜點時，都可以把麵粉換成米粉。尤其像布列塔尼酥餅這類酥脆鬆軟口感的餅乾類，或Q彈的法布魯頓等甜點最適合以米粉製作。勝利夾心餅與達克瓦茲這類由蛋白霜製成的甜點也適合以米粉製作，仰賴麩質彈性與黏性的派皮類則較不適合。

米粉製甜點的特色

儘管以米粉製成，但在外觀或香味上與麵粉製甜點並沒有太大的差別，除非特別提起，否則不會有人注意到這是米粉製成的甜點。唯一的差別在於口感，餅乾酥脆鬆軟，瑪德蓮這類的烘培點心則充滿嚼勁，海綿蛋糕蓬鬆軟綿，口感質樸。而且不管哪一種甜點，都不容易造成脹氣。

以米粉製作甜點的要領

仔細秤量

使用麵粉時原本就要仔細秤量，改用米粉時更須詳加秤量，本書中的材料基本上以g為單位。製作前，請務必秤好材料的重量。

米粉是否要過篩？

麵粉的顆粒細，容易結塊，因此製作點心時一般都會過篩。而米粉的質地細緻乾爽，製作瑪德蓮這類只要將材料混合的點心時，可以不必過篩。若想要烤出海綿蛋糕般鬆軟的口感，請記得過篩。一般會將麵糰靜置一段時間，使麩質更加穩定，但以無麩質的米粉或黃豆粉製成的麵糰，只要稍微靜置一下即可！

不必在意麵糰的搓揉程度！

麵糰經搓揉後會形成麩質，如果沒有醒麵就烘烤，麵糰會變小變硬。若使用無麩質粉類，就不必在意麵糰的搓揉程度，即使過度搓揉也不會變硬或結塊，初學者也能輕鬆完成。

米粉容易吸收水分

米粉比麵粉容易吸收水分，以塔皮和泡芙外皮為例，蛋的使用量會比麵粉製點心來得多。此外，由於麵糰不含麩質，質地較脆，製作某些甜點時要特別小心移動。

Colimn

何謂無麩質？

麩質是大量存在於小麥等穀物中的一種蛋白質，因此，麵包、義大利麵、披薩及甜點中一定含有麩質。無麩質飲食則是最近廣為人知的飲食法，亦即不食用小麥中含有的麩質。國外有不少好萊塢女明星或模特兒，透過無麩質飲食減肥，也有越來越多的運動員採用無麩質飲食法。去除麩質的無麩質食材在超市也相當熱賣，與我們的生活息息相關，據說還可以改善過敏、慢性疲勞、憂鬱、肥胖等症狀。

小麥過敏　減肥　身體不適……

因這類原因而不想攝取麵粉的你，不妨試試米粉製甜點。

本書使用材料

本書使用的材料在超市或烘焙材料行皆買得到，
依甜點種類準備所需的材料吧！

（1）米粉

由粳米研磨而成，特色是顆粒比上新粉還要細，請選用無添加麩質的烘焙用米粉。米粉的顆粒大小因商品而異，製作甜點請選購顆粒小的。本書採用日清製粉的「みのり（業務用）」。蛋和水之用量請依米粉種類酌量增減使用。

（2）黃豆粉

由黃豆研磨而成。同樣是黃豆磨成的粉類，黃豆粉與熟黃豆粉的製法便不相同，熟黃豆粉是將黃豆炒過再研磨，黃豆粉則是以生黃豆直接研磨，具有獨特的香味。

（3）玉米粉

玉米經乾燥後研磨而成，混合於麵糰中會產生香氣。顆粒由粗至細又分成碎玉米粉、粗玉米粉及玉米粉等，本書使用玉米粉。

（4）杏仁粉

由杏仁研磨而成，風味香醇濃郁，是法式甜點不可或缺的材料。

（5）泡打粉

本書使用不含鋁及麵粉的產品，可讓點心達到蓬鬆口感。

（6）可可粉

可可塊中的可可脂萃取出後，再將剩餘部分研磨成粉就是可可粉，本書選用不含糖的可可粉。

（7）奶油

製作甜點時，通常使用無鹽奶油。本書使用中沢乳業的「中沢フレッシュバター（無鹽）」。

（8）蛋

本書使用的雞蛋基本上為M尺寸（58至64g），每個淨重50g（蛋白30g、蛋黃20g）。若使用S尺寸（52至64g）或L尺寸（64至70g）的雞蛋，請酌量調整。製作蛋白霜前，可先將蛋白冷藏備用。請不要使用沾有油脂的調理盆打蛋白霜，否則會造成蛋白霜不易打發。

（9）細砂糖

砂糖不僅可以增加點心甜度，還可以讓麵糰蓬鬆、延長保存期、產生光澤。本書主要使用細砂糖，由糖液精緻研磨成細小顆粒狀，因此易溶解於其他材料中，適合用於製作甜點，特色是清爽不膩。

（10）糖粉

糖粉比細砂糖細緻，可以作出口感清爽的麵糰，也常用以裝飾甜點。裝飾甜點時，建議選用不易融化的糖粉。

（11）牛奶

使用超市販售的牛奶，本書選用中沢乳業的「MILK（成分無調整鮮奶）」。

（12）液態鮮奶油

本書使用動物性鮮奶油。乳脂肪多寡會影響鮮奶油的風味，不妨選用乳脂含量35%至42%的鮮奶油。本書使用中沢乳業的「北海道フレッシュクリーム40%」。

5
6
3
2
10
1
9
8
4
12
7
11

本書使用烘焙用具

為了讓製作過程更為順利，製作之前請先瀏覽一下食譜，
準備所需的烘焙器材及烤模。

（1）調理盆

製作甜點時不可或缺的烘焙器材，可將材料混合、打發及冰鎮於調理盆中。不鏽鋼調理盆導熱性佳，準備各種尺寸製作起來會更得心應手。

（2）篩網

粉類與麵糰過篩時使用。過篩少量粉類時，使用茶葉濾網即可。

（3）打蛋器

打蛋器是製作點心時不可或缺的烘焙器材，可用來攪打麵糰、打發雞蛋。可依調理盆尺寸搭配大小適中的打蛋器。

（4）電動攪拌機

使用電動攪拌機可以快速打發蛋白霜，輕鬆又方便。不妨挑選攪拌棒較粗，攪打速度可切換至低、中、高三階段以上的機種。

（5）橡皮刮刀

不僅可以攪拌麵糰，還能將麵糰按食譜分量刮入模型中，相當方便。擁有各種大小的橡皮刮刀，製作起來會更方便。

（6）木鍋鏟

攪拌、揉合及過篩時不可或缺的烘焙器具，把柄越長越容易使用。由於木鍋鏟容易染色及殘留氣味，不妨準備一隻點心專用的木鍋鏟。

（7）抹刀

用於抹平麵糰表面、在蛋糕表面塗抹奶油，或將蛋糕從烤模取出。

（8）烘焙刷

用於塗抹蛋黃或糖漿，或刷掉多餘的手粉。使用後須徹底清洗，瀝乾並晾乾。

（9）刮板

用於混合、集中、切分及整平麵糰。彎曲與直線兩邊都可以使用。

（10）刮刀

用於混合派皮或塔皮麵糰，也用於切分及整平麵糰。

（11）擠花袋&擠花嘴

將麵糊擠進烤模，或擠鮮奶油時會用到擠花袋，擠花嘴則裝在擠花袋前端。鮮奶油的紋路取決於孔洞形狀及大小，因此不妨準備各種形狀大小的擠花嘴。

（12）烘焙紙

鋪於烤模及烤盤中，有拋棄式烘焙紙，也有清洗後可重複使用的烘焙紙。

（13）擀麵棍

用於擀塔皮或派皮等麵糰。不妨挑選較重、較粗、比麵皮寬度長的擀麵棍，如果找不到這種擀麵棍，細一點的也可以使用。

（14）電子秤

建議使用可量至 1至2g 精密刻度的數位式電子秤。若可直接扣除秤重容器的重量，使用起來會更方便。

1
1
2
3
4
5
6
7
8
9
10
11
12
13
14
TANITA

法式甜點用語集

配料類

杏仁粉
poudre d'amandes
以杏仁研磨的粉，法文poudre即為「粉」的意思。

櫻桃酒
kirsch
由櫻桃製成的蒸餾酒。

調溫巧克力
couverture
烘焙用巧克力，含31%以上的可可脂，口感滑順濃郁。由於富含可可脂，塗抹於蛋糕表面時會顯得滑順，呈現美麗的光澤。法文couverture原意為「裹住」。

法式果醬
confiture
以水果熬煮而成，法文confiture即是「果醬」之意。

香草
vanille
屬於蘭花科，常用於增添點心香氣，主要使用從香草莢取出的香草籽，也有香草精及香草油等形式。

餡料／霜類

蛋奶餡
appareil
由蛋、粉類、奶油混合而成的內餡。

甘納許
ganache
以巧克力、液態鮮奶油、奶油、牛奶及洋酒等混合而成的巧克力奶油。

內餡
garniture
法文指「內餡、內容物」，以甜點而言即是派或瑞士捲的內餡，或塗抹於切片海綿蛋糕間的奶油等等。

杏仁奶油
crème d'amandes
將奶油、砂糖、蛋等材料加入杏仁粉中，混合攪拌至乳霜狀，常作為派或塔的內餡。

杏仁膏
pâte d'amandes
以杏仁粉與砂糖製成的膏狀點心，英文稱為marzipan。可作為塔的內餡，也可加入麵糰或奶油中。若杏仁粉與砂糖的比例約為 2：1，則稱為生杏仁膏（raw marzipan）。

杏仁醬
pâte brisée
將烤過的杏仁或榛果與砂糖混合後，以滾輪壓成糊狀。

慕絲
mousee
將打發的液態鮮奶油或蛋白霜，加入巧克力或果泥中冷卻凝固而成。也有不少慕絲是加入吉利丁冷卻凝固而成。

蛋白霜
merirngue
將砂糖加入蛋白中，打發至拉起打蛋器呈硬挺尖角狀。直接以蛋白霜烘焙而成的點心也稱為meriengue。製作蛋白霜時，蛋白最好事先冷藏。由於水分及油脂會阻礙氣泡的產生，記得將器具上的水分及油脂擦拭乾淨後再使用。由於蛋白霜的氣泡容易消失，因此打發後請馬上使用，與其他材料混合時，要小心攪拌，以免將氣泡弄破（馬卡龍除外）。

塔皮類

甜塔皮
pâte sucrée
拌入砂糖的甜味塔皮。

酥塔皮
pâte brisée
口感酥脆的塔皮，常以鹽取代砂糖，因此不會過甜，也用於法式鹹派。法文brisée為「壓碎」之意，即是表達其酥鬆易碎的質地。

泡芙外皮
pâte à Choux
法文choux意指「高麗菜」，因為泡芙形狀就像一顆高麗菜而得名。

奶酥
streusel
以麵粉、砂糖、奶油製成的粒狀奶酥，常用以裝飾蛋糕。

烘焙點心

蛋糕
gâteau
法文中蛋糕的意思，泛指一般西點。

法式烘餅
galette
扁平的烤餅，形狀以圓形居多。以蕎麥粉作成的可麗餅，雖然不算甜點，但也屬於法式烘餅的一種。

杏仁榛果脆餅
croquant
法文為「酥脆」之意，大多含有核桃或杏仁等堅果類。

杏仁蛋白餅
pâte à succès
將杏仁粉、榛果粉及麵粉加入蛋白霜中烘製而成。

熱那亞蛋糕
génoise
以全蛋打發烘焙而成的海綿蛋糕。所謂全蛋打發是將蛋白與蛋黃一起打發，以這種方式製成的海綿蛋糕口感綿密。另一種方式是將蛋白與蛋黃分開打發，手指餅乾就是由這種方式製成。

舒芙蕾
soufflé
法文有「發起來、膨脹、鼓起、隆起」的意思。

手指餅乾
biscuit
將蛋白與蛋黃分別打發製成的海綿狀餅乾，口感近似海綿蛋糕。

作法相關

焦糖化
caraméliser
將砂糖與水煮至焦糖狀，或以焦糖裹住堅果。

糖霜
glaçage
在點心表面裹上一層糖衣，為增添風味、光澤，以及防止乾燥所作的表面裝飾。

翻糖
fondant
糖液高溫加熱後，再次結晶而成的白色糖霜，就稱為翻糖，用以包裹點心表面，有些翻糖是由糖粉混合洋酒作成。

油封／糖漬
confit
一種法式烹調及保存法，將肉類以油脂低溫烹煮，或將水果倒進砂糖中，可長期保存。

戳透氣孔
piquer
為了避免塔皮烘烤時膨脹或收縮，事先以叉子在塔皮上戳出透氣孔。

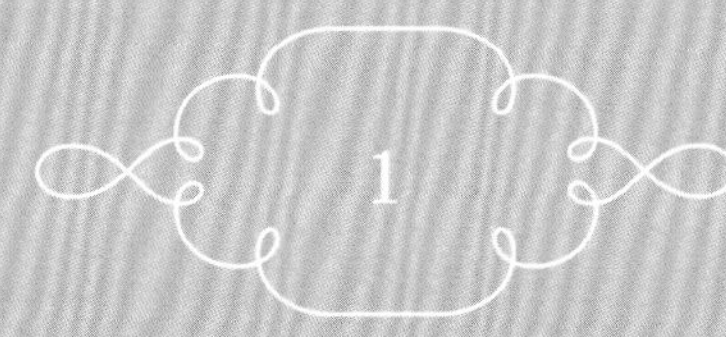

傳統
法式甜點

Pâtisserie traditinnelle française

何謂傳統法式甜點

法式甜點的特色就是華麗美味，有這種印象的人應該很多吧？現在大家所熟知的法式甜點，其歷史可回溯至18世紀後半期，法國大革命爆發後，王公貴族的邸宅慘遭破壞，迫使甜點師及賣巧克力的藥劑師走投無路，便在城鎮開起店鋪，原本只有皇室貴族才享用得到的甜點，於是逐漸在民間流傳開來。最具代表性的甜點師有在凡爾賽宮一展長才的史特雷（Stohrer），以及路易十六的御用藥劑師黛堡（Debauve），他們創始的甜點店至今在巴黎仍屹立不搖。

然而宮廷點心其實最早源自於16世紀，當時砂糖及甜點技術皆由義大利引進，而承接宮廷甜點歷史的是18世紀的天才點甜點師——安東尼．卡瑞蒙（Antoine Carême）。他研製出夏洛特蛋糕及泡芙，繼他之後，還有獨創聖多諾黑泡芙塔及薩瓦蘭蛋糕的朱利安（Julian）兄弟，以及推出熱那亞杏仁蛋糕（→p.32）的佛維爾（Fauvel），這些優秀職人所研發出的甜點至今還流傳於世。另一方面，還有基督教節日少不了的國王餅及聖誕樹幹蛋糕，以及歷史悠久的香料蛋糕（→p.48）、比利時鬆餅、咕咕洛夫及薩瓦蛋糕（→p.30）等具地方特色的甜點。這些全都屬於傳統法式甜點，它們擁有超越時代，一直深受人們喜愛的風味，並蘊含著許多耐人尋味的故事。

L'hsitoire de la pâtisserie traditinnelle française

傳統法式甜點的典故

傳統甜點背後都有一些典故或歷史背景。
若能多加瞭解，法式甜點便會更貼近我們的生活。

瑪德蓮
Madeleine

>> p.18

◈ 源自於女僕所作的點心

十八世紀洛林公國的斯坦尼斯瓦夫・萊什琴斯基公爵舉辦了一場宴會，很不巧的是甜點師剛好不在，只好臨時請女僕烘焙一些甜點充場面，沒想到成品出乎預期地美味，於是公爵以女僕的名字——瑪德琳為此種甜點命名。後來，科梅爾西的甜點師買下食譜，瑪德蓮的作法因而流傳了下來。

杏仁花朵蛋糕
Visitandine

>> p.20

◈ 獨特的花朵造型

據說源自於洛林地區的聖瑪麗修道院，特色是以獨特花朵造型的烤模烘焙而成，1890年首次出現於文獻中。蛋白製成的杏仁花朵蛋糕經濟又美味，深受民眾青睞，後來在法國北部的南錫地區大為流行。作法和材料與費南雪（※）相似。

閃電泡芙
Éclair

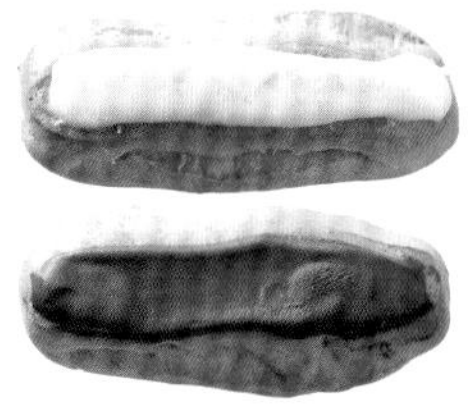

>>p.22

◈ 泡芙是義大利人發明的？

之所以命名為閃電泡芙，是因為太過美味，卡士達餡還來不及溢出，就被人們以迅雷不及掩耳的速度一口吃掉。巧克力及摩卡咖啡口味蔚為主流，現在還有其他多種口味與創意花樣。據說泡芙外皮是義大利甜點師Popelini發明的。

※費南雪有「有錢人」、「金融家」之意，以小梯形烤模烘焙而成，形狀就像金條或紙鈔。

可麗露
Cannelé de Bordeaux

>> p.25

◈ 於修道院誕生的甜點

據說可麗露源自於18世紀波爾多地區的修道院。當時的作法是將薄麵皮捲起，以豬油油炸。到了19世紀改以玉米粉製作，之後又以麵粉取代，烤成布里歐的形狀，現代則以有凹槽的銅模烘製而成。

波爾卡
Polka

>>p.26

◈ 名字源於東歐熱潮

19世紀的法國，許多甜點的名稱來自於當時流行的戲劇及音樂，尤其當時正值東歐熱潮。如同以硬布里歐製成的甜點「波蘭圓舞曲（Polonaise）」，波爾卡是以捷克民族舞蹈命名的甜點，同樣備受歡迎。

眼鏡餅乾
Lunettes

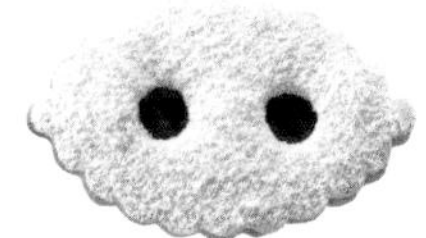

>>p.29

◈ 仔細觀察形狀就像眼鏡。

表面有兩個洞，形似眼鏡，因此稱為眼鏡餅乾。挖出圓形的洞，夾入果醬，是果醬夾心餅乾的一種。餅乾以奶油酥餅麵糊烘製而成，據說奶油酥餅源於出產美味奶油的諾曼第。奶油酥餅的法文sablés原意為沙子，重點是要作出沙子般撲簌簌往下掉的易碎口感。

薩瓦蛋糕
Biscuit de Savoie

>>p.30

◈ 以城堡為發想

薩瓦蛋糕的由來眾說紛紜，相傳統治薩瓦地區的阿梅迪奧伯爵六世或八世招待羅馬皇帝前來城堡共進晚餐，為了提升自己的地位，要求甜點師設計一款令皇帝嘆為觀止的甜點，其成品便是薩瓦蛋糕，據說形狀就像一座傲人的城堡。

熱那亞杏仁蛋糕
Pain de Gênes

>>p.32

◈ 馥郁杏仁風味

19世紀巴黎聖奧諾雷街某間店的甜點師帕西爾，瞧見學徒在研缽中將杏仁研磨至慕絲狀，便烘烤成點心，當時取名為ambroise。後來他改至老師弗拉斯卡蒂所開的店任職，將這款蛋糕加以改良，名稱也改為「熱那亞杏仁蛋糕」。

Madeleine

瑪德蓮

品嚐米粉獨特的酥脆口感，
口口都是清爽的檸檬風味及濃郁豆香。

材料（5×8cm的瑪德蓮烤模12個分）

蛋 … 2個
細砂糖 … 80g
鹽 … 少許
檸檬皮絲 … 1個分
A 米粉 … 80g
黃豆粉 … 10g
＊若沒有黃豆粉，可增加米粉的用量。
泡打粉 … 3g
香草精 … 適量
奶油 … 90g
蜂蜜 … 10g

準備

- 奶油置於室溫下回溫備用。
- 在烤模塗上一層奶油（分量外），再灑上米粉（分量外），將多餘的米粉抖掉後放入冰箱冷藏。

  ＊烘烤時，麵糊會膨脹至烤模凹陷處外，因此記得在凹陷處周邊也塗上奶油，如此可以漂亮地脫模。
- 烤箱預熱至 220℃。

作法

1 將奶油與蜂蜜放入小鍋加熱，使奶油融化。

2 蛋打入調理盆，以打蛋器攪拌，將細砂糖分兩次加入蛋液中，每次都以打蛋器打勻。加入鹽、檸檬皮絲及**A**料，攪拌均勻。

3 倒入香草精及降溫至約40℃的步驟**1**材料攪拌均勻後，蓋上保鮮膜，靜置於涼爽處30 分鐘以上。

4 將麵糊填入裝有圓形花嘴的擠花袋中，擠入烤模內至9分滿，放進預熱至220℃ 的烤箱，烘烤8分鐘，再以200℃烘烤6至7分鐘即可。

2

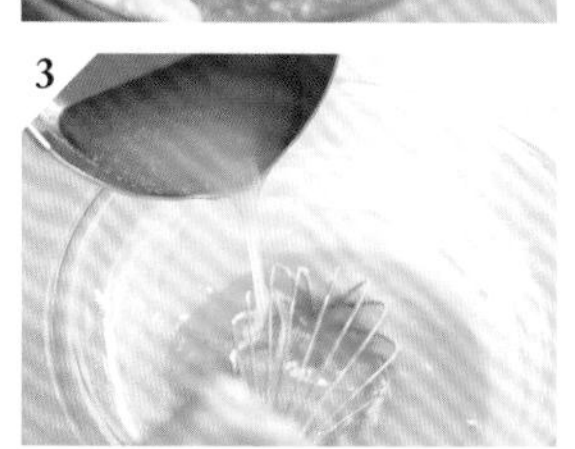
3

4

要點

在製作一般的瑪德蓮時，由於麵粉顆粒小易結塊，因此需要過篩。而米粉質地較為細緻乾爽，製作瑪德蓮這種只須混和材料的點心時，可以不必過篩。此外一般會靜置3小時以上讓麩質鬆弛，但使用無麩質的粉類或黃豆粉，只須稍微靜置即可。

Visitandine

杏仁花朵蛋糕

以杏仁及蛋白製成的焦香奶油蛋糕體，口感濕潤，風味絕佳。
麵糊作法幾乎與費南雪（※）相同，不同之處在於使用的烤模造型。

材料

（直徑 6cm 大的杏仁花朵蛋糕烤模 12 個）

蛋白 … 125g
細砂糖 … 150g
A 米粉 … 70g
　杏仁粉 … 60g
奶油 … 100g
香草精 … 適量

準備

- 奶油及蛋白置於室溫下回溫備用。
- 在烤模塗上一層奶油（分量外），再灑上米粉（分量外），將多餘的米粉抖掉後放入冰箱冷藏。

  ＊烘烤時，麵糊會膨脹至烤模凹陷處外，因此記得在凹陷處周邊也塗上奶油，如此可以漂亮地脫模。
- 將**A**料混合過篩。
- 烤箱預熱至 200℃。

作法

1 將奶油放入小鍋加熱融化，以打蛋器攪拌至淡焦糖色。

2 蛋白倒入調理盆，以打蛋器攪拌，接著加入細砂糖攪拌。

3 加入**A**料攪拌均勻，再將稍微放涼的步驟**1**材料與香草精倒入攪拌。

4 將麵糊填入裝有圓形花嘴的擠花袋中，擠入烤模內至9分滿，放進預熱至200℃的烤箱，烘烤15分鐘即完成。

1

3

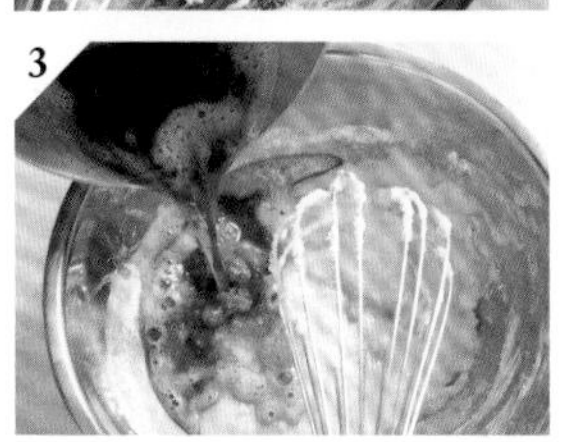
3

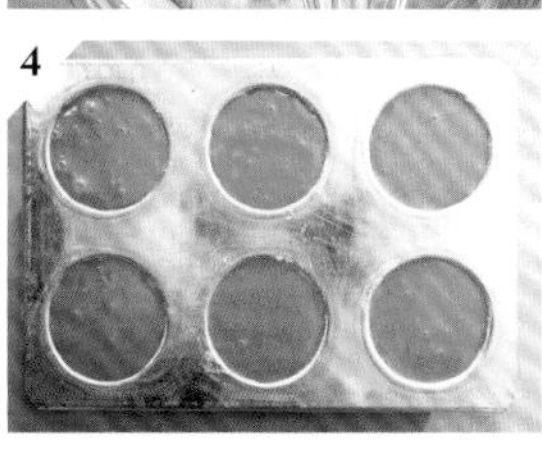
4

◈ 要點

米粉質地細緻不易結塊，製作某些甜點時不需要過篩，杏仁花朵蛋糕便是其一。製作焦香奶油時，須特別留意別讓鍋子餘熱使奶油過度焦化。

※費南雪有「有錢人」、「金融家」之意，以小梯形烤模烘焙而成，形狀就像金條或紙鈔。

Éclair

閃電泡芙（巧克力&檸檬）

泡芙外皮和卡士達內餡都以米粉製成，口感清爽。
表面使用鏡面醬，而非以市售的翻糖霜妝點，風味極為雅緻。

材料（10個分・巧克力＆檸檬各5個）

泡芙外皮（10個分）

奶油 … 50g
牛奶 … 60g
水 … 60g
鹽 … 2g
米粉 … 65g
蛋 … 2個

巧克力卡士達醬（5個分）

蛋黃 … 2個
細砂糖 … 60g
米粉 … 30g
牛奶 … 250g
香草精 … 適量
巧克力 … 30g

鏡面巧克力醬（5個分）

液態鮮奶油 … 50g
巧克力 … 100g
沙拉油 … 1 大匙

檸檬卡士達醬（5個分）

蛋黃 … 2個
細砂糖 … 70g
米粉 … 30g
牛奶 … 200g
檸檬汁 … 48g
檸檬皮絲 … 1/2個分

檸檬鏡面醬（5個分）

糖粉 … 80g
檸檬汁 … 約15g

準備

- 將泡芙外皮材料中的奶油切成骰子狀。
- 卡士達醬材料中的牛奶置於室溫下回溫，加熱至沸騰前關火。
- 將卡士達醬材料中的米粉過篩。
- 將巧克力卡士達醬及鏡面巧克力醬材料中的巧克力分別切碎。
- 烤箱預熱至 200℃。

作法

1 製作泡芙外皮（→p.24），將麵糊填入裝有直徑1.5cm圓形花嘴的擠花袋中，在鋪有烘焙紙的烤盤上擠出厚度約2cm，長度約10至12cm的長條狀。

2 叉子前端沾水，以叉子縱向畫出線條後，放進預熱至200℃的烤箱，烘烤25分鐘即完成。
＊以叉子在麵糊上畫線並按壓，可以使泡芙表面均勻膨脹。

<巧克力>

3 製作卡士達醬（→p.24），趁熱將鍋子從火上移開，加入巧克力，以打蛋器攪拌使其融化。將卡士達醬倒入以冰水冰鎮的調理盆中攪拌，使其冷卻。

4 製作鏡面巧克力醬：以小鍋將液態鮮奶油煮沸，加入巧克力，以打蛋器攪拌使其融化，再加入沙拉油攪拌。

<檸檬>

5 製作檸檬卡士達醬：蛋黃放入小鍋內，以打蛋器攪拌，加入細砂糖畫圓攪拌，接著加入米粉攪拌。倒入牛奶、檸檬汁及檸檬皮絲，放在火上加熱，持續攪拌至乳霜狀（一開始以中火，再轉成小火），倒入調理盆中冷卻。

6 製作檸檬鏡面醬：糖粉倒入調理盆中，將檸檬汁少量多次加入攪拌，攪拌至可塗抹於閃電泡芙表面的濃稠度。

7 組合：待步驟**2**的泡芙外皮放涼後，以圓形花嘴前端在表面鑽兩個洞，將兩種卡士達醬分別填入裝有直徑約5mm圓形花嘴的擠花袋中，擠入泡芙外皮。

8 以湯匙分別在泡芙底部抹上鏡面醬，可依喜好在檸檬閃電泡芙表面灑上檸檬皮絲（分量外）。

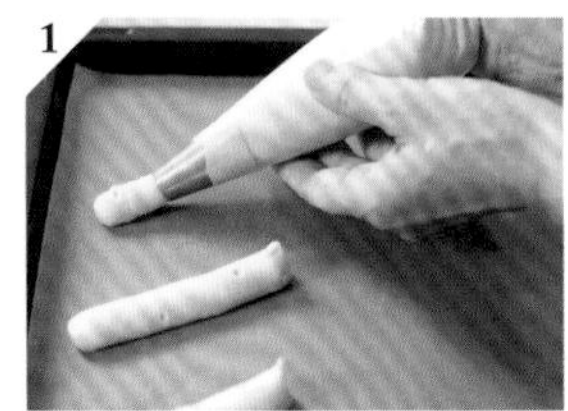
1

2

3

7

7

8

pâte à choux

泡芙外皮

材料

（完成後約300g／
p.22 閃電泡芙10個分或
p.26 波爾卡1個分）

奶油 … 50g
牛奶 … 60g
水 … 60g
鹽 … 2g
米粉 … 65g
蛋 … 2個

準備

- 將奶油切成骰子狀。

作法

❶ 奶油、牛奶、水及鹽倒入鍋中煮至沸騰。把鍋子從火上移開，將米粉全部加入鍋中，並以木鍋鏟攪拌均勻。
＊將奶油切成骰子狀，讓水分在奶油融化前不要蒸發。

❷ 將步驟**1**的鍋子挪回火上，以稍弱的中火加熱，以木鍋鏟不斷攪拌避免底部燒焦，並使水分蒸發。

❸ 將步驟**2**的材料倒入食物調理機，蛋打散後分三次加入，每次都以調理機攪打一下。

❹ 全部放入後，攪打至以木鍋鏟拉起麵糊會慢慢滑落的狀態即可。
＊不一定要用完所有的蛋，可以視麵糊狀態調整用量。

crème pâtissière

卡士達醬

材料

（完成後約 350g）

蛋黃 … 2個
細砂糖 … 60g
米粉 … 30g
牛奶 … 250g
香草精 … 適量

準備

- 牛奶置於室溫下回溫，加熱至沸騰前關火。
- 米粉過篩。

作法

❶ 蛋黃與細砂糖倒入小鍋中，以打蛋器畫圓攪拌，加入過篩的米粉繼續攪拌。

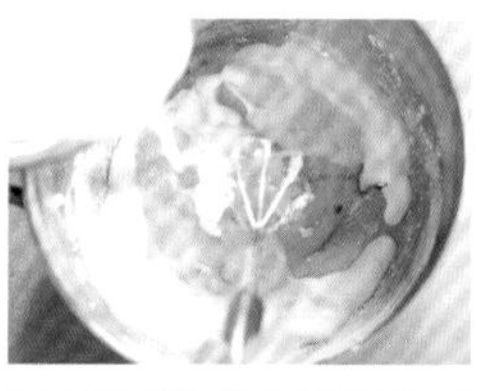

❷ 大致混合後，倒入一半的溫牛奶攪拌，再加入剩下的牛奶與香草精攪拌均勻。

❸ 先以大火加熱，待鍋內材料升溫後再轉成小火。加熱時以木鍋鏟不斷攪拌。
＊為了避免鍋底焦掉，視狀況移開與放回火源上調整溫度。

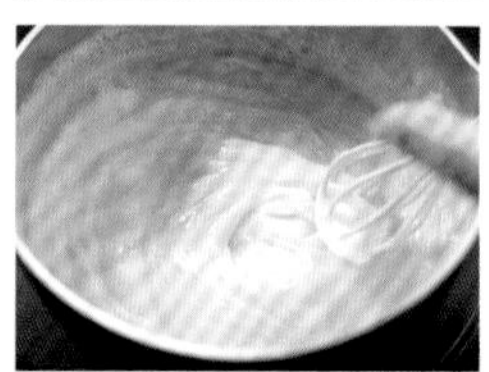

❹ 煮至冒泡、以打蛋器攪拌會留有痕跡的黏稠狀即完成，可從火上移開。

Cannelé de Bordeaux

可麗露

口感獨特的可麗露，
以米粉製成外皮更加酥脆，內餡更Q彈。

材料（直徑5cm高5cm的可麗露烤模5個分）

牛奶 … 250g
奶油 … 13g
細砂糖 … 120g
香草莢 … 1/2支
蛋 … 1個
米粉 … 75g
蘭姆酒 … 1大匙

準備

- 在烤模塗上一層薄薄的沙拉油（分量外），將烤模倒置於烘焙紙上約30分鐘，讓多餘的油分滴落。
- 烤箱預熱至200℃。

作法

1 牛奶、奶油、香草籽、香草莢及一半的細砂糖（60g）倒入鍋中加熱。

2 將蛋打入調理盆中，倒入剩下的細砂糖攪拌。

3 將米粉加入步驟**2**的調理盆，並以打蛋器攪拌，將步驟**1**的材料過篩加入攪拌。接著加入蘭姆酒攪拌均勻，靜置30分鐘。

4 麵糊靜置後容易沉在調理盆底部，因此須輕輕攪拌再倒入烤模中。放入預熱至200℃的烤箱，烘烤70分鐘就完成了。

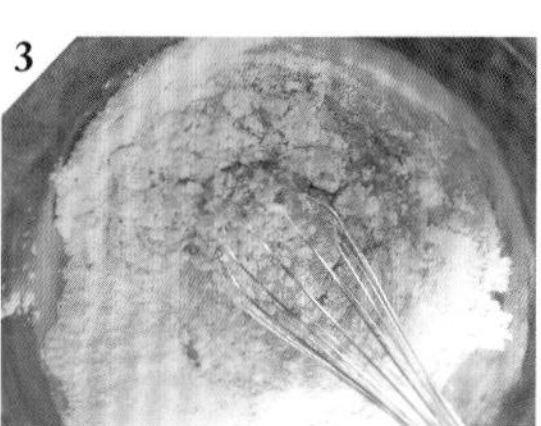

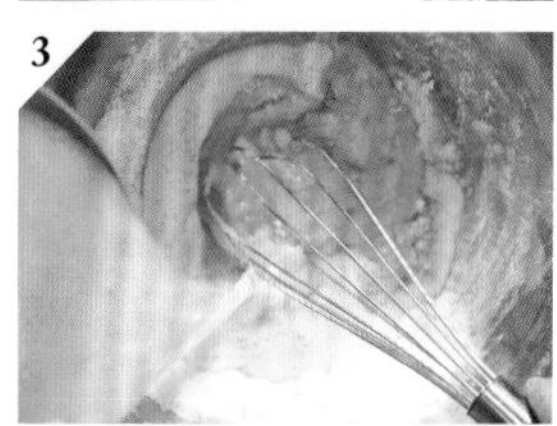

Polka

波爾卡

這一款甜點現在並不常見，
不過仍有代代相傳的甜點店販售波爾卡。

烙鐵

材料（直徑18cm的圓形1個分）

酥塔皮
奶油…50g
米粉…100g
鹽…少許
細砂糖…7g
蛋…28至30g

泡芙外皮
奶油…50g
牛奶…60g
水…60g
鹽…2g
米粉…65g
蛋…2個
蛋黃…適量

卡士達醬
蛋黃…2個
細砂糖…60g
米粉…30g
牛奶…250g
香草精…適量

作法

1　製作酥塔皮（→p.28），將麵糰置於作業臺上並蓋上保鮮膜，以擀麵棍擀成2mm厚，切成直徑18cm的圓形後，以叉子在表面戳透氣孔。

2　製作泡芙外皮（→p.24），將麵糊填入裝有直徑1.5cm圓形花嘴的擠花袋中，沿著步驟**1**的酥塔皮邊緣擠一圈。

3　以刷子在泡芙外皮表面刷上一層蛋黃水後，放進預熱至200℃的烤箱，烘烤18分鐘。

4　製作卡士達醬（→P.24），倒入以冰水冰鎮的調理盆中攪拌，使其冷卻。

5　將步驟**4**的卡士達醬填入步驟**3**的泡芙外皮內緣後，放入冰箱冷藏1個小時以上。取出後在表面灑上細砂糖（分量外），以炙熱的烙鐵烙成焦糖色。
＊使用後的烙鐵若沾有細砂糖，可以火烤一下使其炭化，細砂糖自然就會掉下來。

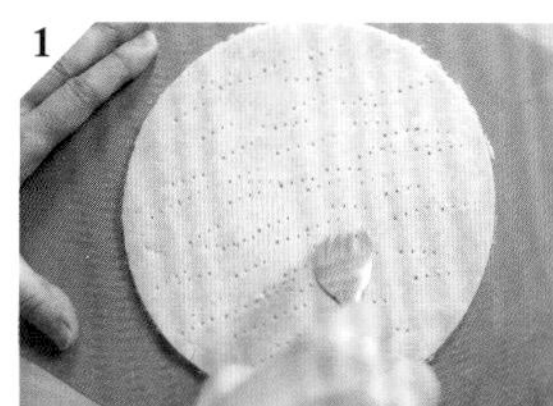
1

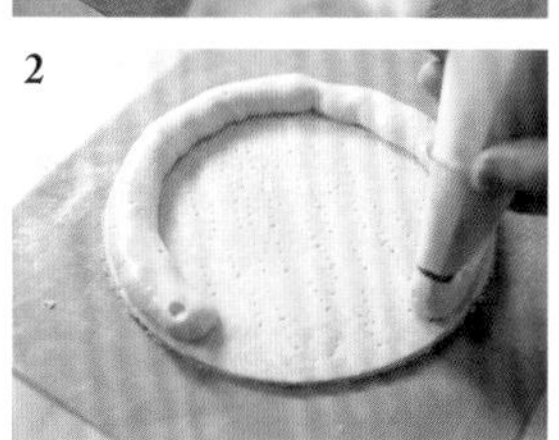
2

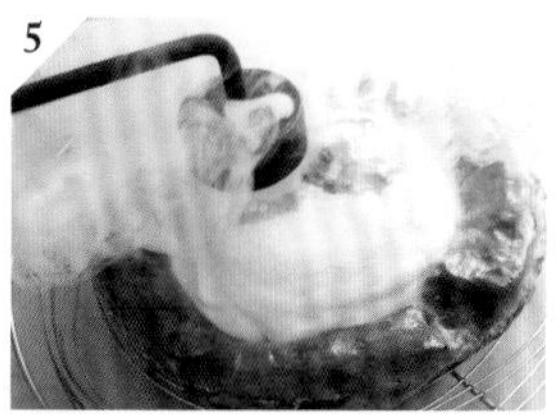
5

準備

- 酥塔皮材料中的奶油切成1cm丁狀。
- 酥塔皮的所有材料（含切成丁狀的奶油）放入冰箱中冷藏。
- 泡芙外皮材料中的奶油切成骰子狀。
- 卡士達醬材料中的牛奶置於室溫下回溫，加熱至沸騰前關火。
- 卡士達醬材料中的米粉過篩。
- 烤箱預熱至200℃。
- 蛋黃溶於少量水中（分量外）。
- 在波爾卡完成之前，預熱烙鐵10分鐘以上。

pâte brisée

酥塔皮

材料

（烤好約190g／直徑18cm的塔模1個分）

奶油 … 50g

米粉 … 100g

鹽 … 少許

細砂糖 … 7g

全蛋液 … 28至30g

準備

- 奶油切成1cm丁狀。
- 所有材料（含切成丁狀的奶油）放入冰箱中冷藏。

〔準備一個平底的調理盆，製作甜點時會更方便。〕

以刮刀切奶油時，使用平底的調理盆會更方便。如果沒有，可改用托盤。

製作酥塔皮

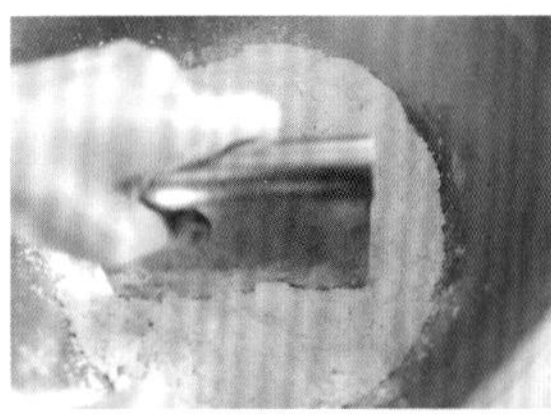

❶ 將奶油、米粉、鹽及細砂糖倒入調理盆中，在奶油表面裹上一層米粉，以刮刀將奶油切成小塊。

❷ 當奶油切碎成紅豆大小時，以手指搓揉米粉與奶油，使奶油變得更細碎。

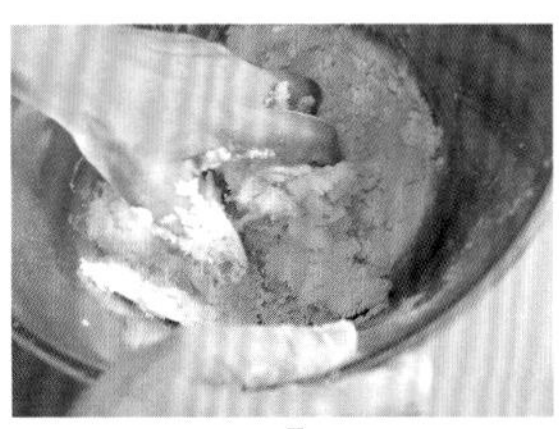

❸ 加入全蛋液攪拌，以手緊緊按壓，搓揉成麵糰，大致成形後再揉成圓形。

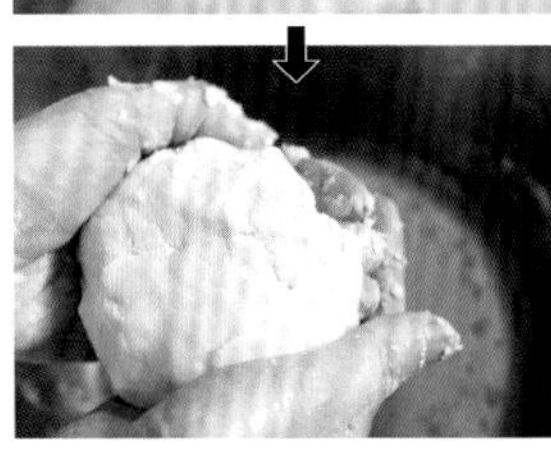

鋪模

❹ 將麵糰置於作業臺上，並蓋上保鮮膜，以擀麵棍擀成厚度2mm的塔皮。塔皮放進冰箱靜置30分鐘至1小時，直到塔皮夠軟可以鋪進烤模中。

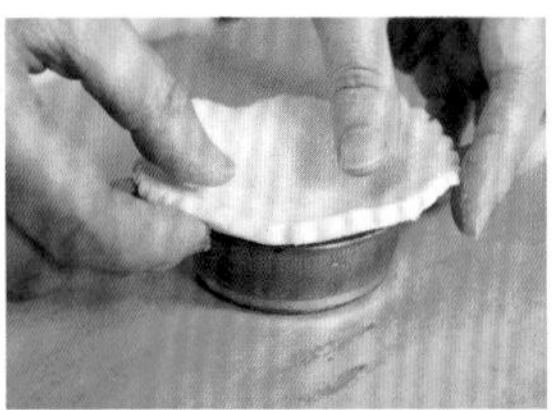

❺ 將塔皮鬆鬆地鋪在烤模上，將烤模側面的塔皮往內摺，使底部與側面形成角度，讓塔皮微貼著烤模側面。

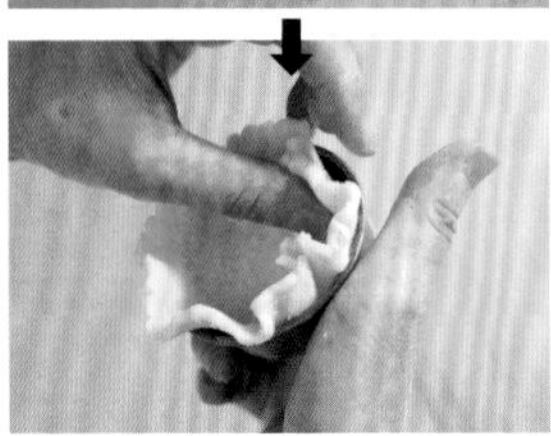

將塔皮鋪進較大的烤模中時……

請參照p.74甜塔皮作法中的「鋪模」步驟❹至❽。

Lunettes

眼鏡餅乾

米粉製成的餅乾若搭配含有水分的材料會受潮，
因此在享用前再抹上果醬吧！

材料

（長軸9cm、短軸5cm的橢圓形壓模5至6個分）

A 米粉 … 100g
奶油 … 66g
糖粉 … 66g
鹽 … 少許
檸檬皮絲 … 1/2個分

蛋黃 … 30g

裝飾用

覆盆子果醬等個人喜愛的果醬 … 適量
糖粉 … 適量

準備

- 奶油切成1cm丁狀後冷藏備用。
- 將糖粉過篩。
- 烤箱預熱至180℃。

作法

1. 將**A**料倒入調理盆中，以刮刀將奶油切碎混合至約3mm大小。奶油變得較碎之後，以手搓揉混合。
2. 加入蛋黃攪拌，以手揉成麵糰。將麵糰置於烘焙紙上，蓋上保鮮膜，以擀麵棍擀成3mm厚，放入冰箱靜置1至2小時可更容易壓模。
3. 以壓模壓出形狀，在其中一半壓好形狀的麵糰上，以直徑約1cm的擠花嘴各壓出兩個洞，放入預熱180℃的烤箱，烘烤10分鐘。
4. 出爐放涼後，在沒有洞的餅乾上抹上果醬，以篩網在有洞的餅乾表面灑上糖粉，再將兩者重疊就完成了。

Biscuit de Savoie

薩瓦蛋糕

剛出爐時，蛋糕會蓬鬆鼓起，之後會隨時間慢慢恢復原樣。
鬆軟清爽的口感，非常美味。

材料

（直徑13cm·容量500ml的烤模1個分）

蛋白 … 2個分
細砂糖 … 60g
蛋黃 … 2個
A 米粉 … 45g
　玉米澱粉 … 10g
糖粉 … 適量

準備

- 在烤模塗上一層奶油（分量外），再灑上米粉（分量外），將多餘的米粉抖掉。
- 將**A**料混合過篩。
- 烤箱預熱至180℃。

作法

1 蛋白放入調理盆中，以電動攪拌機打至六分發。細砂糖分3至4次加入，每次都以攪拌機打勻，直到拉起攪拌器會呈現小彎鉤狀。

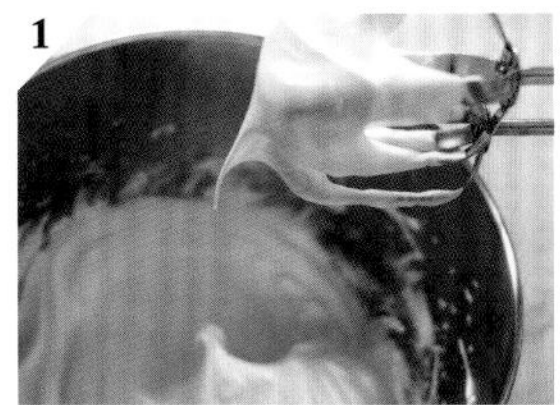

1

2 加入蛋黃，以橡皮刮刀攪拌，將**A**料過篩加入攪拌。以橡皮刮刀由外往內翻攪，注意不要弄破蛋白霜的氣泡。
＊使用薄的橡皮刮刀比較不會弄破氣泡。

2

3 將麵糊倒入烤模內至9分滿，在作業臺上敲一敲，排出空氣。放入預熱至180℃的烤箱，烘烤25分鐘。放涼後脫模，以篩網在表面灑上糖粉即完成。

3

◈ 要點

蛋糕鬆軟口感的關鍵在於蛋白霜。要打發少量蛋白時，可先將蛋白冷藏，氣泡會比較穩定且細緻。

Pain de Gênes

熱那亞杏仁蛋糕

使用了杏仁膏，更增添風味。
而好吃的祕訣就是要以手壓揉杏仁膏。

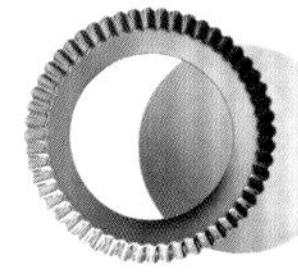

材料 （直徑 18cm 的塔模 1 個分）

蛋 … 2個
杏仁膏（生）… 110g
細砂糖 … 20g
蘭姆酒 … 1大匙
米粉 … 10g
奶油 … 36g
杏仁片 … 適量

準備

- 在烤模塗上一層奶油（分量外）後，灑上杏仁片。
- 將米粉過篩。
- 烤箱預熱至200℃。

作法

1 奶油放入小鍋中加熱，使其融化。

2 將蛋、杏仁膏及細砂糖倒入調理盆中，以手壓揉杏仁膏，讓所有材料充分融合。當杏仁膏的顆粒變小，整體變得滑順均勻時，以電動攪拌機攪打至可寫一個「の」字的黏稠狀即可。

3 依序加入蘭姆酒與米粉，每加一樣材料都以橡皮刮刀拌勻，再加入放涼至約 40℃的步驟**1**材料攪拌。

4 將麵糊倒入烤模中，放入已預熱至200℃的烤箱中烘烤10分鐘，再以180℃烘烤8分鐘。稍微放涼後脫模放置冷卻，以篩網在表面灑上糖粉（分量外）就完成了。

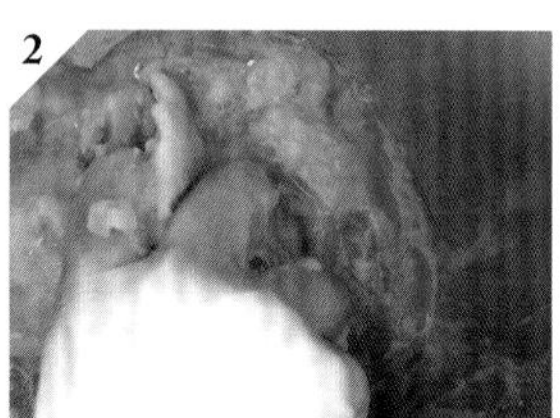
2

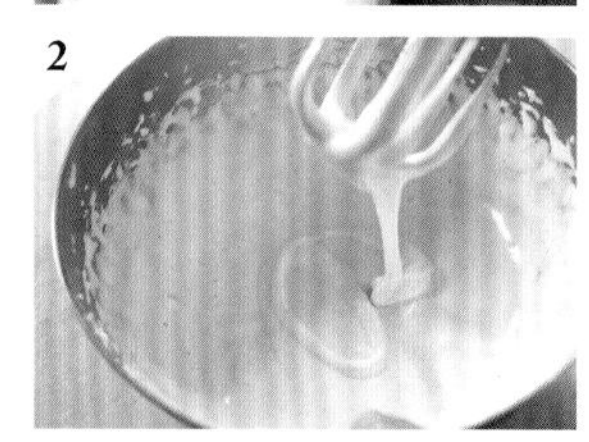
2

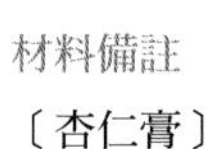

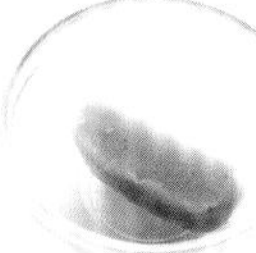

材料備註

〔杏仁膏〕

將杏仁與砂糖打碎，揉合成糰即可製成。

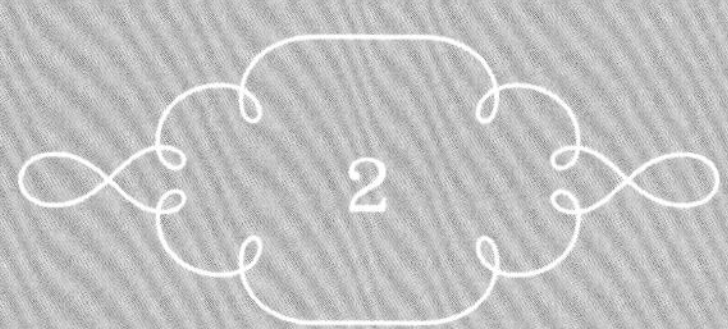

法國
地方甜點

Pâtisserie régionale française

Voyage de la pâtisserie traditinnelle française

法式甜點紀行

法國各地的甜點背後都蘊含引人入勝的故事，
有故事相佐的甜點風味更佳！

＊本圖所標示的是本書所刊載的代表性甜點發源地，與目前法國實際的行政區圖略有差異，敬請見諒。

各具特色的地方甜點

走訪法國各地，會發現許多甜點有別於巴黎，顯得質樸且獨具風味。這些甜點源於地方，在此紮根傳承，代表著一個地區的文化與歷史，因此在地居民都引以為榮，且相當珍惜。

地方甜點的源起有幾個因素，最具代表性的是以當地農產品烘製而成的甜點。舉例而言，諾曼第地區盛產蘋果，在地居民便常以蘋果烘製甜點；布列塔尼產的奶油特別美味，布列塔尼酥餅（→p.38）就成為當地的特色甜點。此外，因為戰爭侵略、跨國聯姻等因素而傳入的甜點也不少。德國曾入侵亞爾薩斯，因此亞爾薩斯地區的居民會作林茲蛋糕及起司塔；法國西南部曾受到阿拉伯的侵略，因此採用阿拉伯甜點中的薄脆酥皮製成的脆皮酥盒也傳入了法國。勃根地的香料蛋糕（→p.48）是因法蘭德斯公主的聯姻而傳入法國。此外，原本只在修道院製作傳承的甜點，在法國大革命後也相繼出現在世人眼前，例如位於洛林地區的城市南錫的馬卡龍、利穆贊地區的克茲瓦蛋糕（→p.47）、阿基坦地區的城市波爾多的可麗露（→p.25）等等。也有些地方甜點與基督教信仰有關，每逢12月6日，亞爾薩斯與洛林地區為了慶祝聖尼古拉節，人們會享用香料餅乾；而在普羅旺斯地區，每逢聖誕節所作的不是樹幹蛋糕，而會準備13道甜點（Treize Desserts），象徵耶穌與12位門徒。

Bretagne 布列塔尼地區

布列塔尼地區先天土壤貧瘠，無法栽種小麥，食材匱乏。後來蕎麥從阿拉伯傳入布列塔尼，人們開始以蕎麥製作可麗餅。到了19世紀，隨著鐵路建設，肥料取得容易，進而能夠栽種小麥、生產麵粉，於是人們開始以麵粉製作各式甜點。同一時期酪農業也蓬勃發展，大量使用乳製品的布列塔尼酥餅以及法布魯頓，就成了布列塔尼地區特有的甜點。使用的奶油多為有鹽奶油，因為布列塔尼的蓋朗德地區是法國著名的鹽產地，將蓋朗德富含礦物質的鹽與奶油混合，再以含鹽奶油製作甜點或料理。另外，以蕎麥粉作的可麗餅也屬於法式烘餅（galette）。所謂galette是指扁平圓形的食物。

布列塔尼酥餅
>> p.38

蘋果法布魯頓
>> p.40

Lorraine 洛林地區

18世紀洛林地區的宮廷甜點師設計了許多甜點，而有一些造型獨特、蘊含典故的祕密甜點則在洛林地區的村莊間流傳著，杏仁三角蛋糕（loriquette）便是其中之一。杏仁三角蛋糕源自洛林地區勒米爾蒙這個村莊，最早來自於高盧人的宗教儀式，據說在儀式上人們會吃杏仁三角蛋糕，後來演變為地位崇高的修女享用的甜點，作法也因此流傳至今。

杏仁三角蛋糕>> p.41

Aquitaine 阿基坦地區

大航海時代，玉米為西班牙人從南美大陸帶回來的食材之一，很快地傳進與西班牙相鄰的阿基坦地區。直到現在這個地區仍種植玉米，作為鵝飼料，用以生產鵝肝。關於鵝肝還有一說，傳說古希臘時期人們在養鵝時，以無花果為飼料。而玉米蛋糕便使用了玉米和無花果這兩種食材。另外，各位知道阿基坦地區有溫泉嗎？那便是被稱為達克斯的城鎮，也是達克瓦茲的發源地。道地的達克瓦茲是作成大的圓形，在日本看到的小橢圓形則是日本人所設計出的，在法國其實並沒有這種形狀的達克瓦茲。

玉米蛋糕>> p.46

達克瓦茲>> p.44

Limousin
利穆贊地區

提到利穆贊地區，就會想到頗負盛名的克拉芙緹（clafoutis），也許是當地盛產櫻桃的關係。原本除了克拉芙緹，利穆贊地區並沒有其他知名的甜點，不過1696年在克勒茲省庫拉村的修道院，發現了14世紀的甜點食譜，那就是克茲瓦蛋糕。食譜上記載著「置於瓦片凹陷處烘烤（cuit en tuile creuse）」，因此將這道甜點命名為克茲瓦蛋糕（creusois）。

克茲瓦蛋糕>>p.47

Bourgogne
勃根地地區

一提到勃根地，就會聯想到葡萄酒、夏洛來牛肉、黃芥末等美食，在這資源得天獨厚的地區，有一款甜點突然從其他國家傳了進來。據說14世紀勃根地公國為了擴展勢力，與領地的法蘭德斯王國公主聯姻，公主出嫁時，帶著香料蛋糕來到了勃根地。這款源自於中國的香料蛋糕，歷經種種波折，因政治聯姻傳入了法國。在勃根地首府第戎，仍有一家令人想起當時繁華榮景的香料蛋糕專賣店「Mulot et Petitjean」。

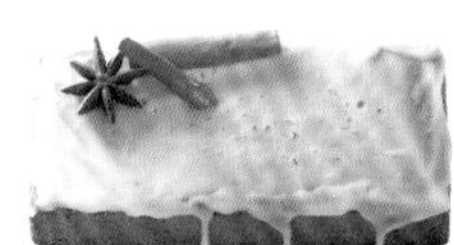

香料蛋糕>>p.48

Midi-Pyrénées
南部－庇里牛斯地區

海拔3000m的南部－庇里牛斯地區首府為土魯斯，因櫛比相連的紅色屋頂而又有玫瑰城市之稱。糖漬紫羅蘭是這裡的名產，並且塔恩省的阿爾比以作為知名畫家土魯斯．羅特雷克的出生地而聞名。阿爾比的街道留存著中世紀的石磚道，令人印象深刻，也有數款甜點流傳至今，杏仁榛果脆餅是其中之一，含有口感爽脆的杏仁與榛果。

杏仁榛果脆餅>>p.50

Pays-de-la-Loire
羅亞爾河地區

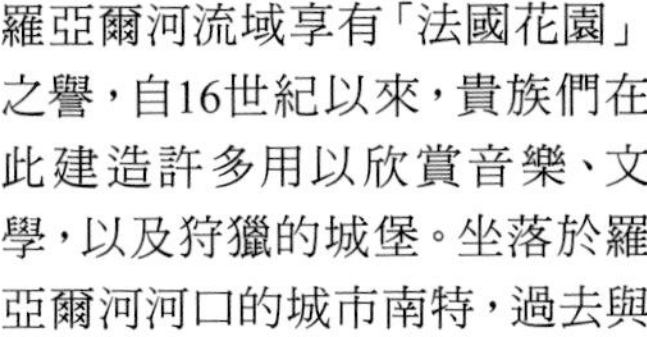

羅亞爾河流域享有「法國花園」之譽，自16世紀以來，貴族們在此建造許多用以欣賞音樂、文學，以及狩獵的城堡。坐落於羅亞爾河河口的城市南特，過去與國外貿易往來頻繁，因而從殖民地引進了蘭姆酒。據說南特蛋糕的特點便是使用大量的蘭姆酒烘製而成。

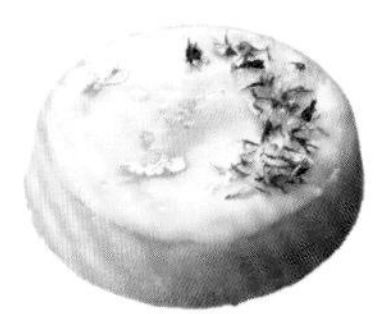

南特蛋糕>>p.42

Galette bretonne

布列塔尼酥餅

濃郁的奶油風味，口感酥脆。
以米粉製成的布列塔尼酥餅吃起來更爽口。

材料 （直徑6cm的圓餅約12個分）

奶油…120g
A 米粉…100g
糖粉…68g
蕎麥粉…30g
杏仁粉…24g
泡打粉…1g
鹽…2g
全蛋液…30g

塗抹表面用
蛋黃…少許

準備

- 混合**A**料，過篩後倒入調理盆中，冷藏備用。
- 奶油切成小塊，冷藏備用。
- 讓蛋黃溶於少量水中（分量外）。
- 烤箱預熱至180℃。

作法

1 將奶油、**A**料倒入調理盆中。於奶油表面裹上一層粉，以刮刀將奶油切碎。

2 當奶油切成紅豆大小時，以手指搓揉粉類與奶油，讓奶油更加細碎。

3 加入全蛋液攪拌，以手緊緊按壓，搓揉成麵糰。將麵糰置於烘焙紙上，蓋上保鮮膜，以擀麵棍擀成5mm厚，放入冰箱靜置1至2小時，直到麵糰變得扎實。

4 以直徑6cm的圓形壓模壓形。
＊如果沒有圓形壓模，可以刀切成直徑6cm的圓形。

5 將壓成圓形的麵糰排在鋪有烘焙紙的烤盤上，以刷子在表面刷上一層蛋液，並以刀背畫出紋路，放進已預熱至180℃的烤箱中烘烤15分鐘即完成。

1

2
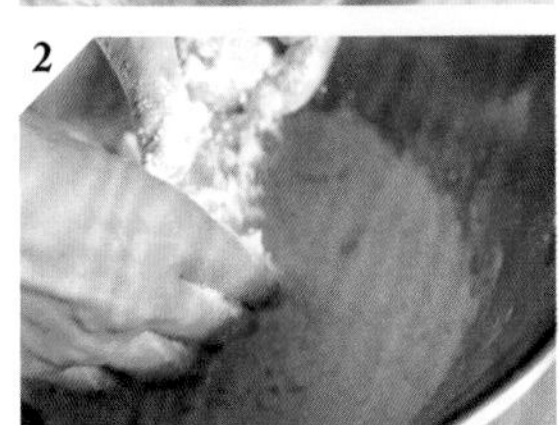

3

4
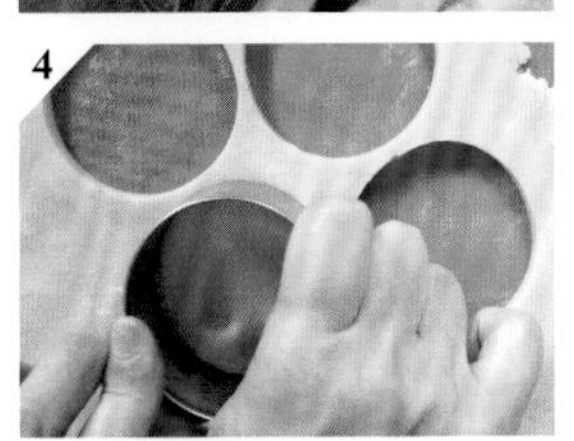

5
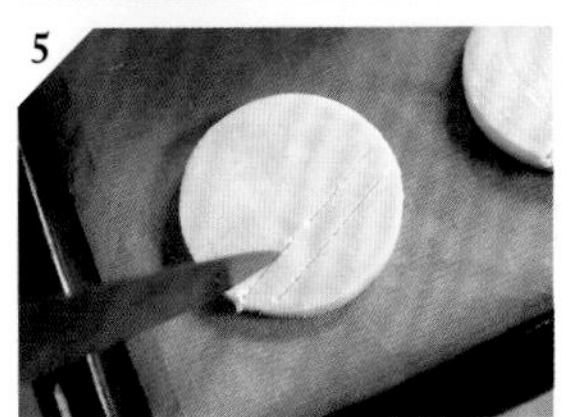

◈ 要點

步驟**1**若使用p.28的平底調理盆，以刮刀切奶油時會較方便。如果沒有這樣的調理盆，可改用托盤。

Far Breton

蘋果法布魯頓

標準的法布魯頓是加入李子烘製而成，
換成布列塔尼地區盛產的蘋果也很美味。

布列塔尼地區

材料

（23cm×12cm的耐熱玻璃烤盤1個分）

蛋 … 2個
細砂糖 … 45g
米粉 … 65g
牛奶 … 180g
液態鮮奶油 … 60g
香草精 … 適量
蘋果 … 1個
葡萄乾 … 2大匙
奶油 … 20g

準備

- 在烤模塗上一層薄薄的奶油（分量外）。
- 烤箱預熱至200℃。

作法

1 蛋打入調理盆，以打蛋器攪拌，加入細砂糖，畫圓攪拌。

2 將米粉過篩加入，稍微攪拌均勻。

3 以鍋子加熱牛奶與液態鮮奶油，再加入香草精。將步驟**2**的材料分2次加入，每次都以打蛋器攪拌。

4 將蘋果切成1cm厚的扇形，排在烤盤上。將步驟**3**的材料慢慢倒入烤盤，灑上葡萄乾。在表面灑上剁碎的奶油，以預熱至200℃的烤箱烘烤20分鐘後就完成了。

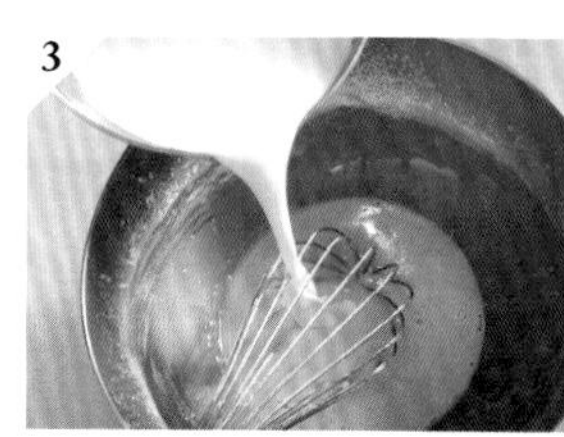
3

4

Loriquette

杏仁三角蛋糕

特色是獨特的三角外形。
杏仁香氣與濕潤口感相當誘人！

洛林地區

材料

（長10cm的杏仁三角蛋糕烤模10個分，或者直徑7cm的鋁製菊型模10個分）

蛋白 … 65g
糖粉 … 75g
蜂蜜 … 10g
杏仁醬（請參照p.61）… 16g
杏仁粉 … 150g
米粉 … 25g

蛋白霜
蛋白 … 126g
細砂糖 … 75g

裝飾
杏仁片 … 適量
糖粉 … 適量

準備

- 在烤模仔細塗上奶油（分量外）。
- 烤箱預熱至 180℃。

作法

1 將蛋白65g放入調理盆中，以打蛋器攪拌，依序加入糖粉及其他材料，每加一種材料就以打蛋器攪打。加入粉類時，以橡皮刮刀攪拌均勻。

2 另取一調理盆，放入蛋白126g，以電動攪拌機打發，細砂糖分3至4次加入，每次都以攪拌機打勻，直到拉起攪拌機時會呈現小彎鉤狀，作成蛋白霜。

3 將步驟**2**的蛋白霜1/3加入步驟**1**的調理盆，以橡皮刮刀將麵糊拌至滑順均勻，再將剩下的蛋白霜分兩次加入攪拌，注意不要弄破氣泡。

4 將烤模排在鋪有烘焙紙的烤盤上。將麵糊填入裝有直徑1.5cm花嘴的擠花袋中，擠入烤模，灑上杏仁片，放入預熱至180℃的烤箱中，烘烤15分鐘。稍微放涼後脫模，以篩網在表面灑上糖粉即完成。

3

4

Gâteau nantais
南特蛋糕

夾帶著濃濃蘭姆酒香的大人口味甜點。
以米粉取代麵粉，口感濕潤。

材料（直徑10cm的塔模4個分）

南特蛋糕麵糊
奶油 … 50g
細砂糖 … 60g
蛋 … 2個
A 杏仁粉 … 40g
米粉 … 40g
鹽 … 一小撮
蘭姆酒 … 15g
檸檬汁 … 20g

鏡面醬
糖粉 … 80g
蘭姆酒 … 8g
水 … 約 8g

準備

- 奶油置於室溫下回溫備用。
- 將蛋打散。
- 在烤模塗上一層奶油（分量外），再灑上米粉（分量外），將多餘的米粉抖掉後放入冰箱冷藏。
- 烤箱預熱至170℃。

作法

1 製作南特蛋糕麵糊：奶油放入調理盆中，細砂糖分三次加入，每次都以木鍋鏟攪拌，蛋分三次加入攪拌均匀。將**A**料過篩加入，以橡皮刮刀攪拌均勻，再加入鹽、蘭姆酒及檸檬汁攪拌。

2 將麵糊倒入烤模，以預熱至170℃的烤箱烘烤25分鐘。

3 稍微放涼後脫模，切掉表面膨起的部分，塗上檸檬汁。將整個蛋糕上下翻轉，在朝上的那面也塗上檸檬汁。

4 製作鏡面醬：將糖粉倒進調理盆中，蘭姆酒與水少量多次地加入，攪拌至可抹於南特蛋糕表面的濃稠度。

5 待蛋糕放涼後，在表面塗上步驟**4**的鏡面醬。放入預熱至100℃的烤箱中烘烤8分鐘，烤乾鏡面醬就完成了。可依個人喜好灑上乾燥花或銀箔（分量外）裝飾。

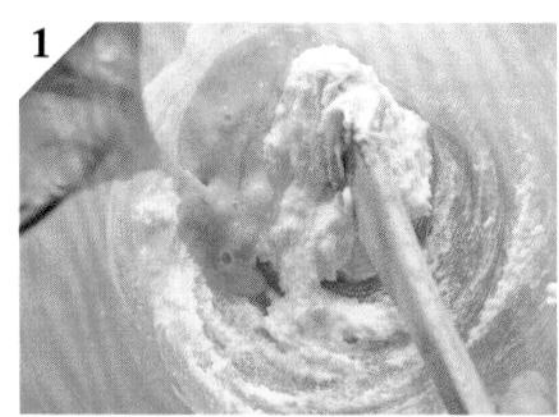
1

1

1

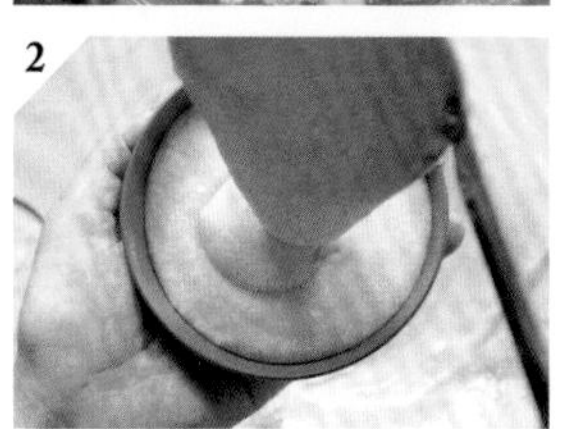
2

◈ 要點

步驟**1**的要點是要讓麵糊乳化，因此建議將奶油置於室溫下軟化，蛋加熱至體溫左右比較容易乳化。

Dacquoise
達克瓦茲

達克瓦茲原本為大圓形的甜點。
入口即化的達克瓦茲外皮搭配香濃焦糖奶油餡，堪稱完美組合。

材料（直徑18cm的圓形烤模1個分）

達克瓦茲麵糊
蛋白 … 4個分
細砂糖 … 50g
A 杏仁粉 … 72g
糖粉 … 72g
米粉 … 9g
糖粉 … 適量

焦糖奶油醬
細砂糖 … 60g
水 … 20g
液態鮮奶油 … 40g
奶油 … 90g

裝飾
蘭姆葡萄乾 … 3大匙
＊將葡萄乾浸泡於熱水中，再取出拭乾，裝進瓶子中。將蘭姆酒倒入瓶中，讓葡萄乾完全浸於酒中，浸漬半天以上。
糖粉 … 適量

準備

- 將**A**料混合過篩。
- 液態鮮奶油置於室溫下回溫備用。
- 準備兩張畫有直徑18cm圓形的烘焙紙。
- 烤箱預熱至 200℃。

作法

1 製作達克瓦茲麵糊：蛋白放入調理盆中，以電動攪拌機打至六分發。細砂糖分三次加入，每次都以攪拌機打勻，直到拉起攪拌機時會呈現小彎鉤狀，作成蛋白霜。

2 將**A**料分兩次過篩加入攪拌。橡皮刮刀由外往內翻攪，注意不要弄破蛋白霜的氣泡。
＊使用薄的橡皮刮刀較不會弄破氣泡。

3 將麵糊填入裝有直徑1.5cm圓形花嘴的擠花袋中，在畫有圓形的兩張烘焙紙上分別以螺旋狀擠滿圖案。

4 將擠好的麵糊連同烘焙紙置於烤盤上，以篩網在表面灑上糖粉，靜置2分鐘後，再灑一次糖粉，接著放入烤箱以200° C烘烤15分鐘。

5 製作焦糖奶油醬：將20g的水倒入鍋中，再加入細砂糖加熱。當細砂糖煮成茶褐色時，將鍋子從火上移開，液態鮮奶油少量多次地加入攪拌。將鍋子挪回火上加熱，材料整體變得滑順後，將鍋子從火上移開，奶油少量多次地加入，並以木鍋鏟攪拌至融化。將材料移至調理盆，放在冰水中冰鎮，以調整焦糖奶油醬的軟硬度。

6 組裝：以抹刀在其中一片達克瓦茲的背面抹上步驟**5**的焦糖奶油醬，灑上蘭姆葡萄乾。另一片達克瓦茲有烤痕的一面朝上，疊在焦糖奶油醬上，最後以篩網在表面灑上糖粉即完成。

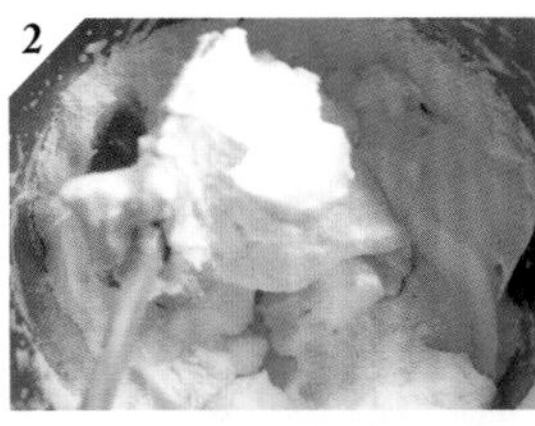
2

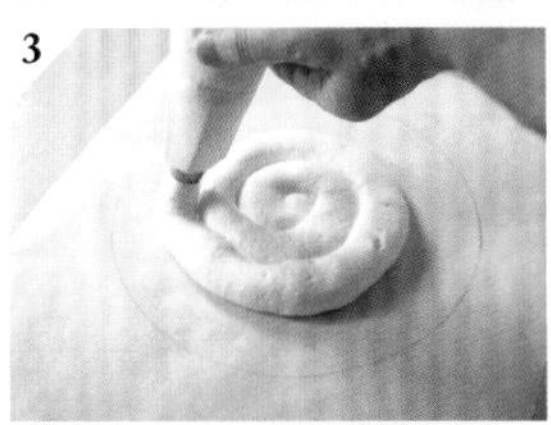
3

5

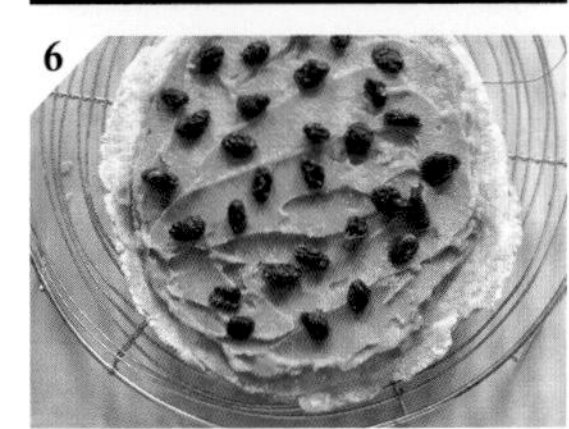
6

Gâteau maïs

玉米蛋糕

如名稱所示以玉米為材料，
加入米粉烘製成口感樸實的蛋糕，很適合搭配果乾。

阿基坦地區

材料

（18cm x 6cm x 8cm的磅蛋糕模1個分）

蛋 … 2個
細砂糖 … 70g
A 米粉 … 80g
玉米粉 … 60g
泡打粉 … 2g
無花果乾 … 3至4個
李子乾 … 4至5個
奶油 … 80g
蜂蜜 … 20g

準備

- 將**A**料混合過篩。
- 將無花果乾與李子乾切成1cm大小。
- 在烤模鋪上烘焙紙。
- 烤箱預熱至170℃。

作法

1 奶油與蜂蜜放入小鍋中加熱融化。

2 蛋打入調理盆後，以電動攪拌機攪打，加入細砂糖，隔水加熱並同時以電動攪拌機攪打。當水溫比體溫略高時，將調理盆從熱水中移開，繼續攪打至麵糊可提起寫一個「の」字的黏稠度。

3 將**A**料過篩加入，以橡皮刮刀攪拌均勻，加入無花果乾與李子乾繼續攪拌。

4 加入步驟**1**的材料攪拌，將麵糊倒入烤模中，放入烤箱並以170° C烘烤50分鐘即可。

2

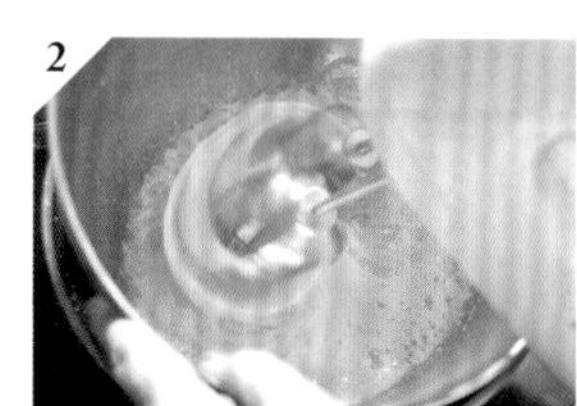

2

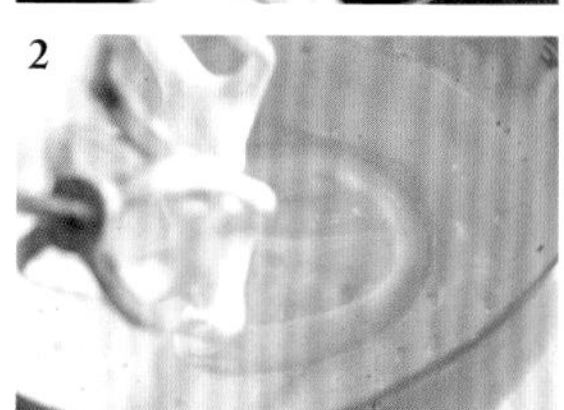

4

Le creusois

克茲瓦蛋糕

每一口都充滿濃濃的榛果風味。
以簡單的材料便能烘製而成，令人開心！

利穆贊地區

材料

（直徑18cm的塔模1個分）

奶油 … 60g
細砂糖 … 100g
蛋白 … 75g
A 榛果粉 … 50g
米粉 … 60g
榛果（整顆）… 適量

準備

- 奶油置於室溫下回溫備用。
- 將**A**料混合過篩。
- 在烤模塗上一層奶油（分量外），再灑上米粉（分量外），將多餘的米粉抖掉後放入冰箱冷藏。
- 將榛果大致切碎。
- 烤箱預熱至200℃。

作法

1 奶油放入調理盆中，將一半的細砂糖（50g）分2至3次加入，每次都以打蛋器畫圓攪拌。

2 將蛋白放入另一個調理盆中，以電動攪拌機攪打，將剩下的細砂糖50g分三次加入，每次都以攪拌機打勻，直到拉起攪拌機時會呈現小彎鉤狀，作成蛋白霜。

3 在步驟**1**的調理盆中依序加入1/3的蛋白霜、一半的**A**料、剩下的蛋白霜的一半、剩下的**A**料、剩下的蛋白霜攪拌。攪拌時以橡皮刮刀攪拌均勻，注意不要弄破氣泡。

4 將步驟**3**的麵糊倒入烤模中，讓中間稍微凹陷。在表面灑上榛果，放入烤箱以200℃烘烤20分鐘。稍微放涼後脫模，以篩網在表面灑上糖粉即完成。

3

4

◈ 要點

由於蛋白霜在低溫時不容易與步驟**1**的材料混合，因此在打發前可將蛋白從冰箱取出。

Pain d'épices
香料蛋糕

也稱作「香料麵包」，口感扎實，味道樸實美味，香料達到提味效果。
再淋上鏡面醬，所有的風味都在嘴裡融合在一起。

材料 （15cm x 8cm x高5cm的磅蛋糕模1個分）

蛋糕麵糊
蜂蜜 … 120g
蛋 … 30g
蔗糖 … 70g
＊如果沒有蔗糖，可改用細砂糖。
奶油 … 30g
肉桂、肉荳蔻、丁香等個人喜愛的香料 … 共1茶匙
橘子皮 … 30g
檸檬皮 … 20g
A 米粉 … 70g
黃豆粉 … 30g
＊如果沒有黃豆粉，可增加米粉的用量。
泡打粉 … 5g

鏡面醬
糖粉 … 60g
牛奶 … 15至20g

準備

- 將A料混合過篩。
- 將橘子皮與檸檬皮切碎。
- 在烤模鋪上烘焙紙。
- 烤箱預熱至 180℃。

作法

1 製作蛋糕麵糊：奶油放入小鍋中加熱，使其融化。
＊蜂蜜如果結晶，可加入鍋中一起加熱融化。

2 將蜂蜜、蛋、蔗糖、放涼至40℃左右的步驟**1**材料依序加入調理盆中，並以打蛋器攪拌。

3 加入香料攪拌，再加入橘子皮與檸檬皮攪拌。

4 加入**A**料以橡皮刮刀攪拌後，倒入烤模中，放入烤箱以180℃烘烤約45分鐘。

5 製作鏡面醬：將糖粉倒入調理盆中，少量多次地加入牛奶攪拌，至可抹於蛋糕表面的濃稠度。

6 步驟**4**的蛋糕趁還溫熱時脫模放涼，抹上步驟**5**的鏡面醬。可依個人喜好擺上肉桂棒或八角（分量外）裝飾，置於室溫使鏡面醬乾燥即完成。

2

3

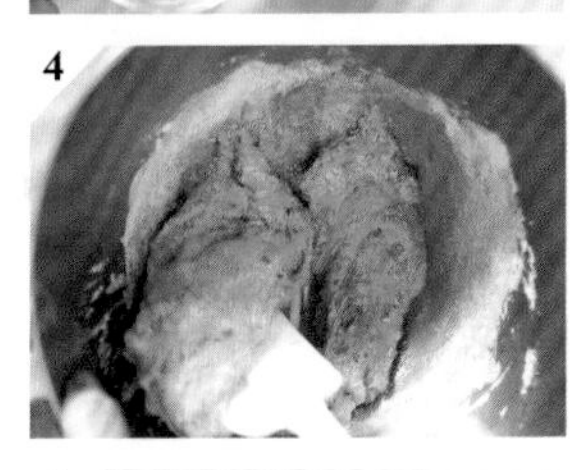
4

4

Croquants

杏仁榛果脆餅

口感酥脆，咬一口就在嘴裡化開，
堅果香味讓人一吃就上癮！

南部－庇里牛斯地區

材料

（直徑9至10cm的脆餅約20片分）

蛋白 … 50g
細砂糖 … 200g
米粉 … 50g
杏仁（整顆） … 40g
榛果（整顆） … 40g
杏仁香精 … 適量

準備

- 將杏仁與榛果大致切碎。
- 烤箱預熱至210℃。

作法

1 蛋白放入調理盆後以打蛋器攪拌，倒入細砂糖畫圓攪拌。

2 加入米粉攪拌，再加入堅果與杏仁香精，以橡皮刮刀攪拌。

3 以湯匙將步驟**2**的麵糊倒在鋪有烘焙紙的烤盤上，抹開成直徑約5cm的薄圓片狀。

4 放入已預熱至210℃的烤箱中烘烤8至10分鐘即完成。

1

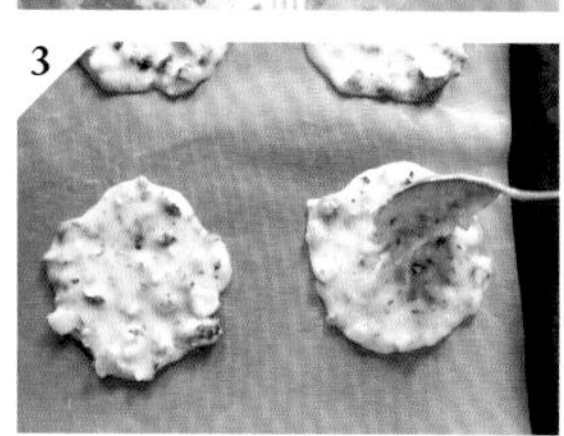

3

材料備註

〔杏仁香精〕

由杏仁萃取出的精華，可增添杏仁香氣。

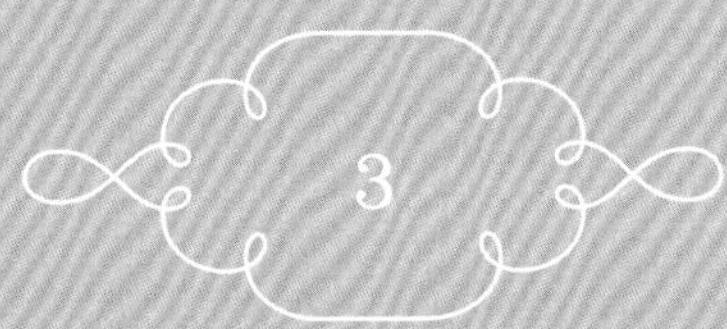

下午茶點心

Gâteaux pour l'heure du thé

Gâteaux pour l'heure du thé

美好時光・下午茶點心

在此介紹細緻優雅的下午茶點心，搭配紅茶或咖啡，
享受法式甜點帶來的美好時光吧！

◈法國的下午茶

法國人習慣在周末享受優雅下午茶時光。即使假日無所事事的巴黎女性，到了星期天下午也會準備手工蛋糕，與朋友或情人享受午茶時光。然而，下午茶的普及是近代之事，18世紀法國大革命爆發，引領下午茶風潮的王公貴族日趨沒落，商人崛起，這群商人被稱為中產階級，仿效貴族過著優雅的生活。中產階級的女性樂衷於沒有男性加入的下午茶，與大家喝茶閒聊，品嚐小點心，這類小點心通稱為friand。

◈下午茶時品嚐的甜點

要推薦給讀者的下午茶甜點是我在南法盧貝隆旅行時發現的肉桂小圓餅（p.54）。這款甜點源自於阿拉伯，現在在法國也找得到它的蹤跡。使用米粉會讓撲簌簌易碎的口感更細緻。添加了富含多酚與維生素的南美洲超級水果——智利酒果的餅乾（p.55），雖然有不同的形狀，但口感都非常適合搭配咖啡一起享用。香檳餅乾（p.62）不妨與紅茶中的香檳——大吉嶺一同享用。鑽石餅乾（p.54）、葡萄乾奶油酥餅（p.64）及勝利堅果夾心（p.60），令人回想起中產階級優雅的下午茶時間。美式咖啡館最近在巴黎也深受年輕人的青睞，想要品嚐美式下午茶，不妨準備核桃＆巧克力餅乾（p.55）與玫瑰餅乾（p.58），享受悠閒的午茶時光。

肉桂小圓餅
鑽石餅乾

核桃＆巧克力餅乾

智利酒果薄餅

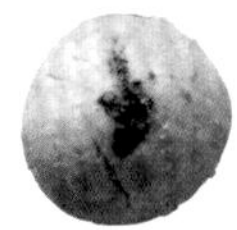

Montecao

肉桂小圓餅

只需將材料攪拌混合，非常簡單。
口感酥脆，美味可口。

材料 （直徑3cm的餅乾12個分）

A 米粉 … 100g
泡打粉 … 5g
杏仁粉 … 13g
糖粉 … 30g

沙拉油 … 75g
＊也可以使用橄欖油或太白胡麻油。

香草精 … 少許

肉桂粉 … 適量

準備

- 烤箱預熱至230℃。

作法

1 將**A**料過篩倒入調理盆中攪拌，加入沙拉油及香草精，以手混合。
＊依麵糊軟硬度調整油的用量。

2 揉成直徑3cm球狀，排列於鋪有烘焙紙的烤盤上，稍微壓扁並灑上肉桂粉。

3 放入已預熱至230℃的烤箱中烘烤10分鐘，再將溫度調至180° C烘烤15分鐘即完成。

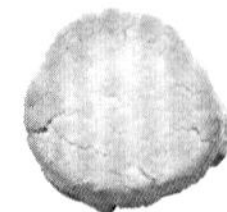

Diamants

鑽石餅乾

法國的經典餅乾。若沒有食物調理機，
只須將材料攪拌混合即可！

材料 （直徑3cm的餅乾約14片分）

麵糰

奶油 … 60g

米粉 … 75g

杏仁粉 … 10g

糖粉 … 20g

鹽 … 少許

牛奶 … 8g

香草精 … 少許

最後修飾

蛋白 … 適量

細砂糖 … 適量

準備

- 奶油置於室溫下回溫備用，切成2cm大小。
- 烤箱預熱至180℃。

作法

1 製作麵糰：將牛奶以外的材料放入食物調理機中攪打，質地變得細緻時，倒入牛奶繼續攪打，將材料取出置於桌上，以手搓揉成糰。

2 包上保鮮膜，將麵糰放入冰箱靜置約10分鐘後，取出滾成直徑3cm的棒狀，再包上保鮮膜，放入冰箱靜置2個小時以上，於下個步驟會比較容易切開。

3 在取出的麵糰表面刷上蛋白後，放在裝有細砂糖的托盤中來回滾動，讓細砂糖附著於表面，再切成1cm寬的小塊。

4 將切成小塊的麵糰置於鋪有烘焙紙的烤盤上，放入已預熱至180℃的烤箱中烘烤 20 分鐘即完成。

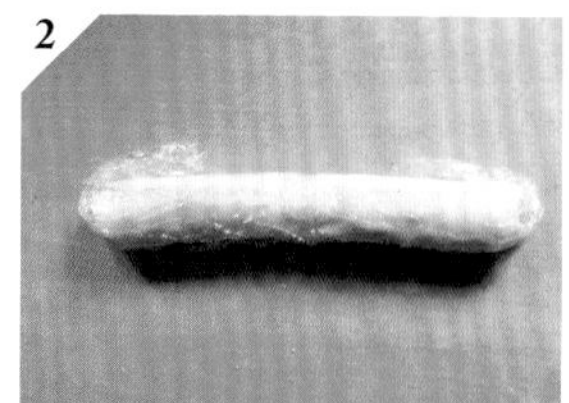

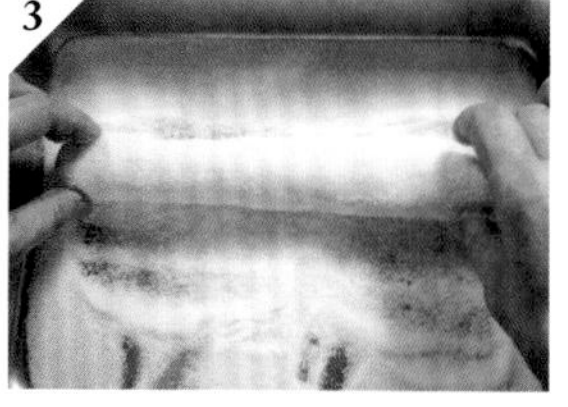

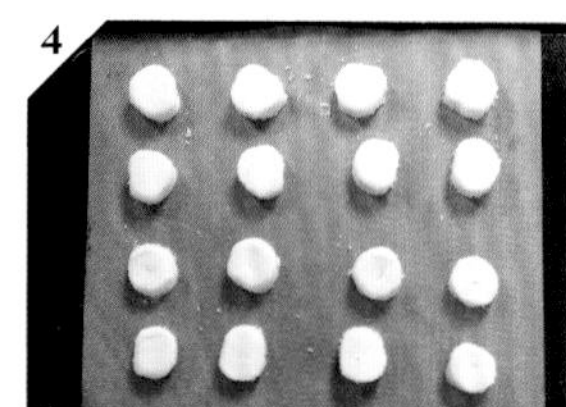

Cookies aux noix et au chocolat　Yukiko特製
核桃&巧克力餅乾

美國風餅乾，
以豆渣粉烘製而成，充滿香氣。

材料 （7至8cm的餅乾約16片分）

奶油 … 62g
細砂糖 … 90g
鹽 … 一小撮
全蛋液 … 25g
香草精 … 適量
米粉 … 90g
豆渣粉 … 20g
＊如果沒有豆渣粉，可增加米粉的用量。
巧克力 … 50g
核桃 … 50g

準備

- 全蛋液、奶油置於室溫下回溫備用。
- 將巧克力與核桃切碎。
- 烤箱預熱至180℃。

作法

1 奶油放入調理盆中，細砂糖分三次加入，每次都以木鍋鏟畫圓攪拌。

2 加入鹽攪拌，全蛋液分3至4次加入攪拌，接著再加入香草精、米粉、豆渣粉，並以橡皮刮刀攪拌均勻。最後再加入巧克力與核桃，以橡皮刮刀攪拌。

3 將兩大匙左右的麵糰以手搓揉成圓形後，置於鋪有烘焙紙的烤盤上。以手將麵糰壓成直徑4cm左右的圓扁形，放入已預熱至 180° C的烤箱中烘烤15分鐘後就完成了。

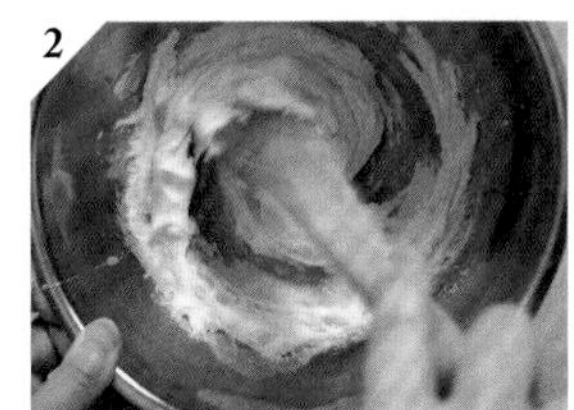
2

2

Galette au Maquiberry　Yukiko特製
智利酒果薄餅

以蔚為話題的超級食物——
智利酒果烘製而成的酥脆餅乾。

材料 （7cm的餅乾15片分）

米粉 … 100g
太白胡麻油 … 65g
＊也可使用橄欖油或沙拉油。
智利酒果粉 … 13g
細砂糖 … 36g
全蛋液 … 16g
白芝麻 … 1茶匙

準備

- 烤箱預熱至200℃。

作法

1 將全部材料倒進食物調理機中攪打，再移至調理盆中以手混合。

2 揉成糰之後，將麵糰置於烘焙紙上，蓋上保鮮膜，以擀麵棍擀成厚度3mm的長方形。

3 將麵糰連同烘焙紙置於烤盤上，放入已預熱至200℃的烤箱中烘烤20分鐘。出爐後趁熱切成3×3cm的菱形即完成。

2

3

材料備註〔智利酒果粉〕
智利酒果是抗氧化效果佳的水果，生長於智利，推薦使用粉末狀的產品，方便烘培時使用。

La Rose Yukiko原創

玫瑰餅乾

使用在美國購得的玫瑰形烤模，
烘製出集法式甜點精華於一身的餅乾。

材料（直徑5cm的玫瑰形烤模12個分）

麵糊

奶油…120g
細砂糖…120g
蛋…2個
食用色素（紅色）…適量
玫瑰花水…適量
鹽…一小撮
A 米粉…120g
泡打粉…一小撮

鏡面醬

糖粉…100g
水…約20g
食用色素（紅色）…適量

準備

- 奶油、蛋置於室溫下回溫。將蛋打散。
- 在烤模塗上一層奶油（分量外），再灑上米粉（分量外），將多餘的米粉抖掉後放入冰箱冷藏。
- 食用色素加少量水（分量外）溶解。
- 烤箱預熱至170℃。

作法

1 製作麵糊：奶油放入調理盆中，以打蛋器攪拌，打入空氣。依序將細砂糖與蛋液分3至4次加入攪拌，再加入以少量水溶解的食用色素、玫瑰花水及鹽，繼續攪拌。

2 將**A**料過篩加入，以橡皮刮刀攪拌均勻。將麵糊填入裝有圓形花嘴的擠花袋中，擠入烤模。在作業臺敲擊排出空氣，放入已預熱至170° C的烤箱中烘烤20至25分鐘。

3 製作鏡面醬：糖粉倒入調理盆中，將水少量多次地加入攪拌，再加入以水溶解的食用色素，攪拌至可抹於餅乾表面的濃稠度。

4 趁步驟**2**的餅乾還溫熱時，抹上步驟**3**的鏡面醬，靜置放涼即完成。

1

2

材料備註

〔玫瑰花水〕

由玫瑰花苞蒸餾而成，中東近東等地認為玫瑰花水對身體有益。

Friand aux noisettes

榛果小蛋糕

法文friand意指「小點心」，
可以各種形狀的烤模烘製。

材料

（4.5cm x 8.5cm的費南雪烤模10個分）

麵糊

蛋白 … 115g
細砂糖 … 100g
A 米粉 … 50g
可可粉（無糖）… 15g
榛果（整顆）… 40g
奶油 … 85g

最後修飾

糖粉 … 適量

準備

- 榛果以230℃烘烤4分鐘後，剝皮切碎。
- 將**A**料混合過篩。
- 在烤模塗上一層奶油（分量外），再灑上米粉（分量外），將多餘的米粉抖掉後放入冰箱冷藏。
- 烤箱預熱至 200℃。

作法

1 製作麵糊：奶油放入小鍋中加熱融化。

2 蛋白倒入調理盆中，加入細砂糖，以打蛋器畫圓攪拌。

3 加入**A**料後以橡皮刮刀攪拌，再加入榛果繼續攪拌。

4 加入放涼至40℃左右的步驟**1**奶油攪拌。

5 將麵糊填入裝有圓形花嘴的擠花袋中，擠入烤模內至9分滿，放入已預熱至200℃的烤箱中烘烤約14分鐘。稍微放涼後脫模，以篩網在表面灑上糖粉即完成。

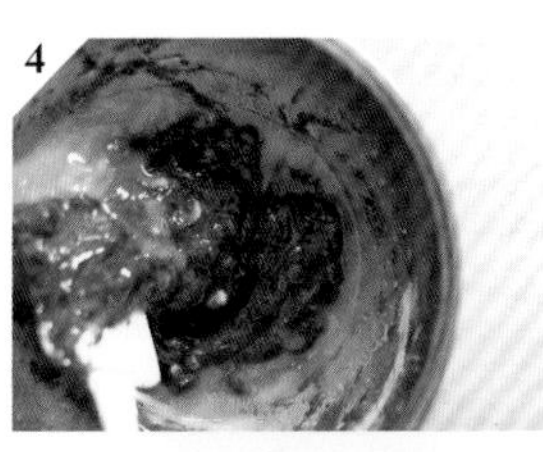

4

5

◈ 要點

加入融化的奶油，充分攪拌。無麩質的米粉再怎麼攪拌也不會過硬，因此可採用任何方式攪拌。麵糊遇熱並不會鼓起，因此可將麵糊填滿整個烤模。

Succès

勝利堅果夾心

爽口的杏仁餅夾著堅果醬，
焦糖榛果帶來畫龍點睛的效果。

材料（18×18cm的烤模1個分）

杏仁蛋白餅
蛋白 … 4個分
細砂糖 … 20g
A 杏仁粉 … 120g
　糖粉 … 100g
　米粉 … 10g
糖粉 … 適量
杏仁片 … 適量

焦糖榛果
細砂糖 … 40g
水 … 少許
榛果（整顆）… 60g

堅果醬
液態鮮奶油 … 340g
糖粉 … 30g
杏仁醬 … 45g
吉利丁粉 … 4g

準備

- 將A料混合過篩。
- 準備兩張畫有邊長18cm正方形的烘焙紙。
- 烤箱預熱至180℃。
- 將吉利丁粉倒入裝有4倍分量冷開水的耐熱容器中，再以隔水加熱的方式使吉利丁粉溶解。

材料備註
〔杏仁醬〕
將烤過的杏仁或榛果與砂糖混合後，以滾輪壓成糊狀。

作法

1 製作杏仁蛋白餅：蛋白倒入調理盆中，以電動攪拌機打至六分發。細砂糖分三次加入，每次都以攪拌機打勻，直到拉起攪拌機時會呈現小彎鉤狀，作成蛋白霜。

2 加入A料以橡皮刮刀攪拌。

3 將麵糊填入裝有直徑1.5cm圓形花嘴的擠花袋中，在畫有四方形的兩張烘焙紙上分別擠成斜線填滿。以篩網將糖粉分兩次（間隔1分鐘）灑在其中一塊擠好的麵糊表面，另一塊則灑上杏仁片，放入預熱至180℃的烤箱中烘烤 18 分鐘。

4 製作焦糖榛果：細砂糖倒入鍋中，加入少量的水煮至焦糖色。將鍋子從火上移開，拌入榛果後，倒在烘焙紙上。待放涼後，將焦糖榛果大致切碎。

5 製作堅果醬：將液態鮮奶油、糖粉及杏仁醬倒入調理盆中，以打蛋器打至八分發，加入步驟4的焦糖榛果與溶解的吉利丁液攪拌。

6 組裝：取下步驟3杏仁蛋白餅的烘焙紙，將兩塊蛋白餅切成與烤模相同大小。在烤模底部鋪上沒有杏仁片的蛋白餅，接著倒入步驟5的堅果醬，以橡皮刮刀抹平。將另一塊蛋白餅灑有杏仁片那面朝上，重疊於堅果醬表面，放入冰箱冷藏2個小時以上凝固。脫模後，以篩網在表面灑上糖粉（分量外）後就完成了。

2

3

4

5

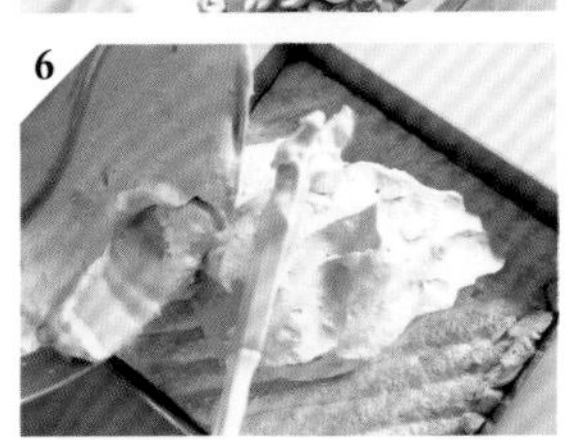
6

6

Biscuits de champagne

香檳餅乾

香檳－阿登地區以生產香檳聞名。
這款香檳餅乾也有蘸著香檳享用的傳統吃法。

材料（15條分）

蛋白…2個分
細砂糖…90g
蛋黃…2個
香草精…適量
食用色素（紅）…適量
米粉…80g

準備

- 食用色素用少量水（分量外）溶解。
- 烤箱預熱至180℃。

作法

1 蛋白倒入調理盆中，以電動攪拌機打至六分發。細砂糖分三次加入，每次都以攪拌機打匀，直到拉起攪拌機時會呈現小彎鉤狀，作成蛋白霜。

2 加入蛋黃、香草精及溶解後的食用色素，以橡皮刮刀攪拌。

3 加入米粉，以橡皮刮刀由外往內翻攪，注意不要弄破蛋白霜的氣泡。
＊使用薄的橡皮刮刀比較不會弄破氣泡。

4 將麵糊填入裝有直徑1.5cm圓形花嘴的擠花袋中，在鋪有烘焙紙的烤盤上擠出寬2cm長10cm的長條狀。

5 在表面灑上細砂糖（分量外），隔2分鐘再灑一次。放入已預熱至180℃的烤箱中烘烤11分鐘，烤完後暫不取出，將餅乾靜置於烤箱內30分鐘，待乾燥即完成。

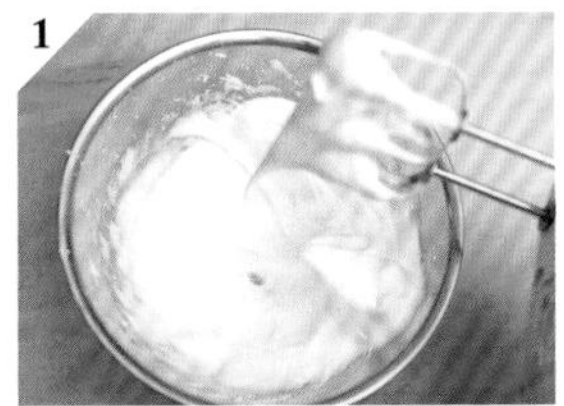
1

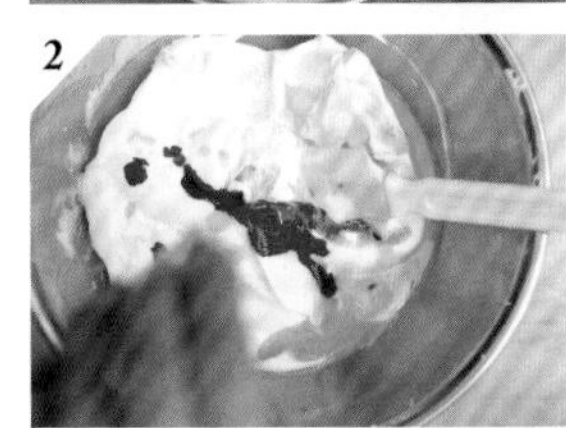
2

3

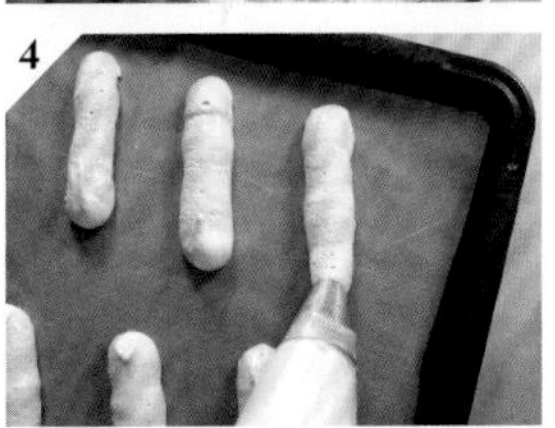
4

 要點

酥脆口感的關鍵在於蛋白霜。加入米粉後輕輕攪拌均勻，才不會弄破蛋白霜的泡沫。

Sablés aux raisins

葡萄乾奶油酥餅

講究材料的調配，讓餅乾更具特色，
口感也更酥脆！

材料 （直徑3cm的餅乾約20片分）

奶油酥餅麵糊

奶油 … 55g

糖粉 … 33g

全蛋液 … 22g

香草精 … 適量

米粉 … 83g

裝飾

葡萄乾 … 約20粒

準備

- 奶油置於室溫下回溫備用。
- 烤箱預熱至180℃。

作法

1 奶油放入調理盆中，糖粉分三次加入，每次都以木鍋鏟攪拌。蛋液分三次加入攪拌。

2 加入香草精與米粉後，以橡皮刮刀攪拌均勻。

3 將步驟**2**的麵糊填入裝有星形花嘴的擠花袋中，在鋪有烘焙紙的烤盤上擠出直徑約2.5cm的圓形。在圓形麵糊中間各擺上一粒葡萄乾，將葡萄乾稍微壓進麵糊裡。接著放入以預熱至180℃的烤箱中烘烤13至14分鐘就完成了。

點心時間的甜點

Gâteaux pour l'heure du goûter

Gâteaux pour l'heure du goûter

溫暖點心時間的手作甜點

在法國提到點心，就會想到母親的手作甜點。
在此介紹傳統的家庭點心。

◈點心時間

提到點心，一般都認為是給小孩子的。孩子從學校回來，第一件事就是打開廚房的壁櫥，裡面放著好幾種餅乾盒和媽媽的手作甜點。然而，漫步在法國街頭，你會發現點心並非小孩的專利，常瞧見男士們從甜點店或巧克力店走出，立刻拿著秤重甜點或夾心巧克力大快朵頤的模樣。或瞧見爸爸送孩子們上學後，一個人在甜點沙龍看著報紙邊大口吃著瑪德蓮的模樣。享用點心也是大人的祕密樂趣呢！

◈令人想嚐的點心

手作點心的代表是派塔，就算不擅長料理的媽媽，只要購買市場的當令水果，也能作出美味的派塔，孩子們透過各種水果塔感受季節的變化。不妨享用櫻桃塔（p.68）及桃子塔（p.70）吧！其次，一提到小孩喜歡的點心，非巧克力蛋糕莫屬了。當媽媽開始製作巧克力蛋糕的時候，孩子便會被神奇的香味吸引過來，爭相搶著吃調理盆裡剩下的巧克力。每戶人家都有代代相傳的巧克力蛋糕食譜，我的巴黎女性朋友是向阿姨學習，而不是媽媽，我也品嚐過她作的古典巧克力蛋糕（p.78）。還有一位住在勃根地的老奶奶，教我製作歷久彌新的自製果醬夾心海綿蛋糕（p.76），直到現在我都印象深刻的是老奶奶的儲藏室，裡頭排滿了手作果醬。

Tarte aux cerises

櫻桃塔

法國人非常喜歡吃派塔！這是一款在櫻桃盛產季節製作的經典派塔，烤得香脆的奶酥別具特色。

材料

（直徑5.5cm的塔模5至6個分）

酥塔皮

奶油 … 70g
米粉 … 150g
鹽 … 3g
細砂糖 … 10g
蛋 … 1個

杏仁奶油

奶油 … 50g
細砂糖 … 50g
全蛋液 … 35g
液態鮮奶油 … 30g
杏仁粉 … 50g
米粉 … 7g

奶酥

米粉 … 14g
杏仁粉 … 12g
細砂糖 … 12g
奶油 … 12g
肉桂 … 適量

最後修飾

酒漬櫻桃（griottines）或櫻桃 … 20至24 顆
糖粉 … 適量

準備

- 將酥塔皮材料中的奶油切成1cm丁狀。
- 酥塔皮的所有材料（含切成丁狀的奶油）放入冰箱中冷藏。
- 杏仁奶油的材料置於室溫下回溫備用。
- 烤箱預熱至200℃。

作法

1 製作酥塔皮（→p.28），將塔皮擀成厚度2mm，裁成直徑10cm的圓形。

2 將塔皮鋪入烤模中（p.28），以叉子在表面戳洞，鋪上烘焙紙，倒入烘焙重石，放入已預熱至200℃的烤箱烘中烤10分鐘，取出重石與烘焙紙再烤5分鐘。

3 製作杏仁奶油：將奶油放入調理盆中，細砂糖與全蛋液分2至3次加入，每次都以木鍋鏟攪拌。剩下的材料依所列順序加入攪拌。

4 製作奶酥：將所有材料倒進調理盆中，以手攪拌搓揉成顆粒狀。

5 將步驟**3**的杏仁奶油填入步驟**2**烤好的塔皮中，放上4顆瀝乾水分的酒漬櫻桃，灑上步驟**4**的奶酥，放入已預熱至200℃的烤箱烘烤18至20分鐘。稍微放涼後脫模，以篩網在表面灑上糖粉即完成。

2

3

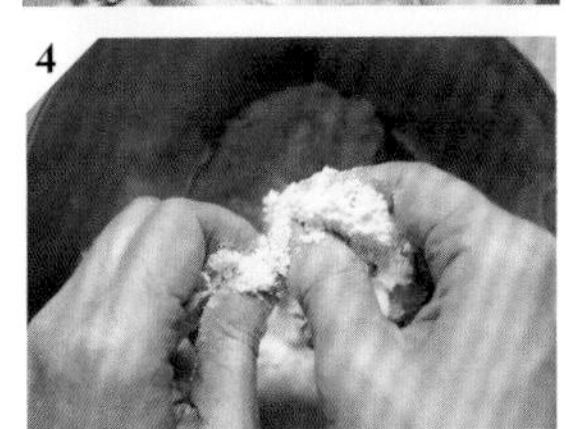
4

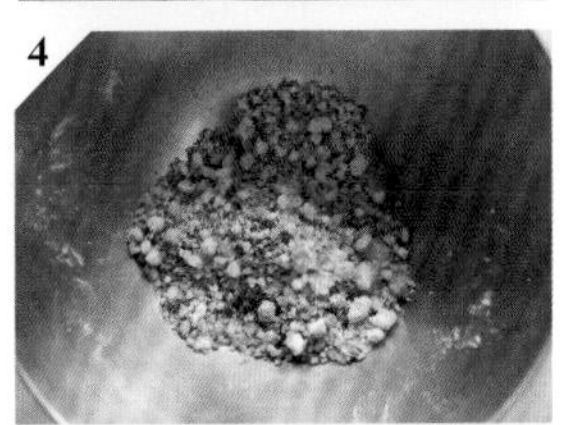
4

5

材料備註

〔酒漬櫻桃〕

若無法買到完成品，可以將櫻桃浸泡在櫻桃酒（kirsch）中製作。

桃子塔

鳳梨塔

Tarte aux pêches
桃子塔

經典甜點桃子塔。
以卡士達醬和黃桃填滿加入砂糖的甜塔皮。

材料（直徑18cm的塔模1個分）

甜塔皮
奶油 … 50g
糖粉 … 40g
全蛋液 … 28g
鹽 … 少許
A 米粉 … 100g
杏仁粉 … 10g

卡士達醬
蛋黃 … 1個
細砂糖 … 30g
牛奶 … 120g
米粉 … 15g
櫻桃酒（kirsch）… 少許

內餡
黃桃（罐頭）… 5個，切半
杏仁片 … 適量

準備

- 奶油與蛋置於室溫下回溫備用。
- 杏仁片以230℃烘烤3分鐘。
- 烤箱預熱至200℃。

作法

1 製作甜塔皮（→p.74），將塔皮擀成2mm厚鋪入烤模中（→p.74），放入冰箱靜置30分鐘以上。

2 以叉子在表面戳透氣孔，鋪上烘焙紙，倒入烘焙重石，放進已預熱至200℃的烤箱中烘烤10分鐘（過程中改變重石的位置）。取出重石與烘焙紙再烤5分鐘。

3 製作卡士達醬（→p.24／不加香草精）。稍微放涼後加入櫻桃酒攪拌。

4 黃桃切成薄片。

5 組裝：將步驟**3**的卡士達醬填入步驟**2**烤好的甜塔皮中。以橡皮刮刀抹平表面，將步驟**4**的黃桃呈放射狀排開，放入已預熱至200℃的烤箱中烘烤18分鐘，出爐後灑上烤香的杏仁片，就完成了。

＊由於塔皮容易受潮，建議儘早享用。

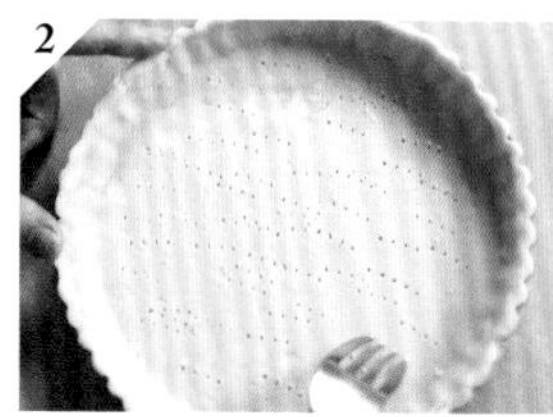
2

2

4

5

Tarte à l'ananas Yukiko原創

鳳梨塔

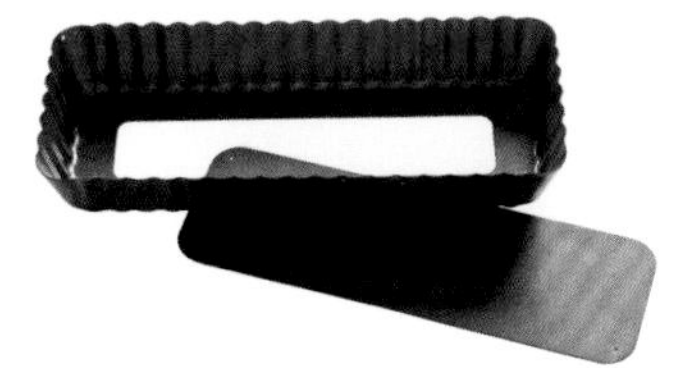

使用鳳梨的南國風派塔。在鳳梨表面抹上蛋奶餡烘製而成。
吃起來爽口不膩，是一款饒富趣味的派塔。

材料 （長20cm寬7cm的塔模1個分）

甜塔皮
奶油 … 50g
糖粉 … 40g
全蛋液 … 28g
鹽 … 少許
A 米粉 … 100g
杏仁粉 … 10g

蛋奶餡
蛋白 … 50g
細砂糖 … 15g
B 糖粉 … 17g
杏仁粉 … 17g
米粉 … 7g
椰子絲 … 5g
鳳梨 … 70g

裝飾
椰子絲 … 5g
糖粉 … 適量

準備

- 奶油與蛋置於室溫下回溫備用。
- **A**料與**B**料分別混合過篩。
- 烤箱預熱至200℃。
- 鳳梨切成8mm的立方體。

作法

1 製作甜塔皮（→p.74），將塔皮擀成2mm厚鋪入烤模中（→p.74），放進冰箱靜置30分鐘以上。
＊烤模形狀雖然不同，但鋪法相同。

2 以叉子在表面戳透氣孔。鋪上烘焙紙，倒入烘焙重石，以 200℃ 烤 10 分鐘（過程中改變重石的位置），取出重石與烘焙紙。

3 製作蛋奶餡：蛋白倒入調理盆中，以電動攪拌機打至六分發。細砂糖分三次加入，每次都以攪拌機打勻，直到拉起攪拌機時會呈現小彎鉤狀，作成蛋白霜。

4 將**B**料加入步驟**3**的材料中，並以橡皮刮刀攪拌均勻，再將椰子絲加入攪拌。

5 組裝：將鳳梨排在步驟**2**烤好的甜塔皮上，倒入步驟**3**的內餡，以抹刀抹勻，讓中央凸起，並灑上椰子絲，以篩網在表面灑上糖粉，靜置2分鐘後，放入已預熱至180℃的烤箱中烘烤20分鐘後就完成了。

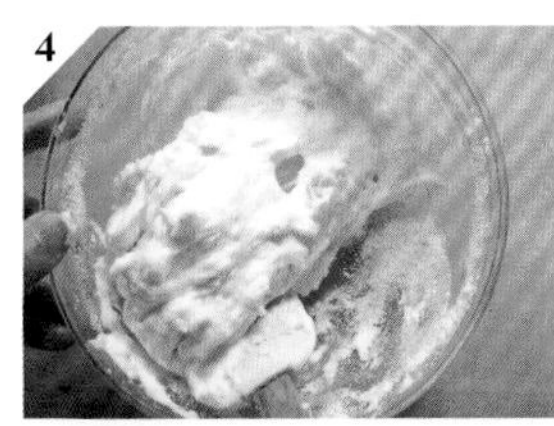
4

5

5

pâte sucrée

甜塔皮

材料

（完成後200g／
直徑18 cm的塔模1個分）

奶油 … 50g
糖粉 … 40g
全蛋液 … 28g
鹽 … 少許
A 米粉 … 100g
杏仁粉 … 10g

準備

- 奶油與全蛋液置於室溫下回溫備用。
- 將**A**料混合過篩。

〔烤好的塔皮龜裂時……〕
以米粉製成的麵糰容易龜裂，此時只需要將剩餘的麵糰抹在龜裂處，即可輕鬆修補。如果將內餡填入塔皮後不會再次烘烤，可在修補塔皮後，以與空燒塔皮同樣的溫度烘烤3至4分鐘。製作時請預留修補用的麵糰。

製作甜塔皮

❶ 奶油放入調理盆中，以木鍋鏟攪拌至乳霜狀，糖粉分2至3次加入並攪拌。

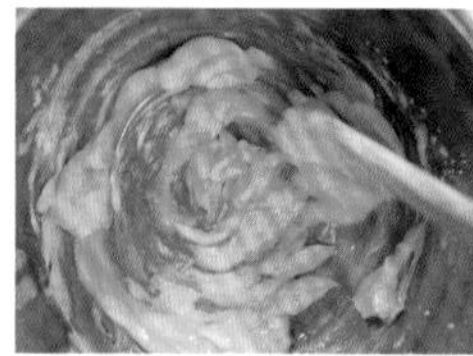

❷ 全蛋液少量多次地加入，並攪拌均勻，加入鹽。

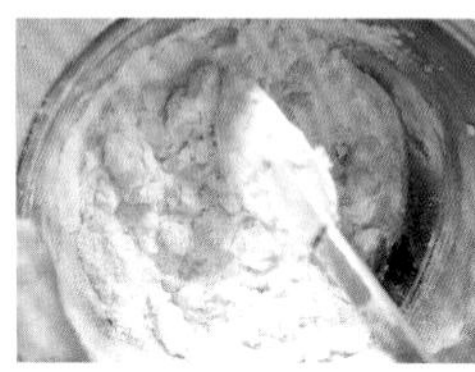

❸ 加入**A**料，以橡皮刮刀攪拌均勻，以手緊緊按壓，搓揉成麵糰，再揉成圓形，包上保鮮膜，平放於桌上。
＊塔皮冷藏後再擀容易碎裂，因此作好後要馬上擀開。

鋪模

❹ 將麵糰置於作業臺上，蓋上保鮮膜，以擀麵棍擀成2mm厚，比烤模稍大的尺寸。放進冰箱靜置30分鐘至1小時，直到塔皮柔軟可以鋪進烤模中。

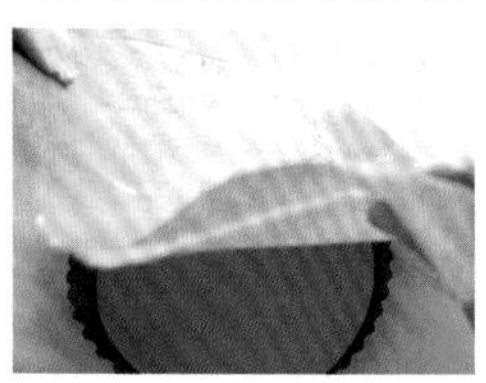

❺ 將塔皮翻過來蓋在烤模上。

❻ 撕下保鮮膜，將塔皮鬆鬆地鋪在烤模上。將烤模側面的塔皮往內摺，讓底部與側面形成角度，使塔皮稍微貼著烤模側面。

❼ 滾動擀麵棍切掉多餘的塔皮。

❽ 由底部往上按壓側面的塔皮，讓塔皮緊貼烤模。這時可以讓塔皮高出烤模邊緣2mm，如此一來就算塔皮烘烤後稍微縮小，也依舊美觀。將塔皮放進冰箱，靜置30分鐘以上即可。

Moëlleux au chocolat

熔岩巧克力蛋糕

生巧克力有著獨特的滑順口感，
冷熱都很可口。

材料 （直徑7cm的布丁烤模4個分）

巧克力 … 80g
奶油 … 65g
細砂糖 … 55g
蛋 … 2個
米粉 … 10g

準備

- 奶油切成容易融化的大小，並將巧克力切碎。
- 將蛋打散。
- 在烤模塗上一層薄薄的奶油（分量外）。
- 烤箱預熱至200℃。

作法

1 將巧克力與奶油放入調理盆中，隔水加熱融化。

2 將調理盆從熱水中移開，加入細砂糖、蛋、米粉，並以打蛋器攪拌。

3 將麵糊倒入烤模內至9分滿，放入已預熱至200℃的烤箱中烘烤20分鐘。稍微放涼後脫模，以篩網在表面灑上糖粉即完成。

1

2

3

◈ 要點

除了使用調溫巧克力，也可以板狀巧克力製作。巧克力的香氣會直接散發出來，因此選用可可含量高的調溫巧克力製作，可以完成有著大人風格的巧克力蛋糕。

Génoise à la confiture
果醬夾心海綿蛋糕

法文的génoise指的是海綿蛋糕。
以米粉製作海綿蛋糕，口感鬆軟綿密。

材料 （直徑15cm的海綿蛋糕模1個分）

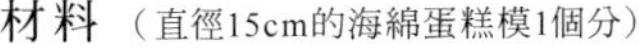

麵糊

蛋 … 2個
細砂糖 … 60g
米粉 … 55g
奶油 … 10g

裝飾

橘子果醬等個人喜愛的果醬 … 適量
糖粉 … 適量
切碎的橘子皮 … 適量

準備

- 在烤模底部與側面（可在烤模上抹一些分量外的奶油）鋪上烘焙紙。
- 烤箱預熱至180℃。

◈ 要點

製作海綿蛋糕的關鍵在於麵糊打發的程度，打至麵糊可寫一個「の」字即可。以隔水加熱的方式較容易打發，但切記水溫不要太高，跟體溫差不多就可以將調理盆移開。

作法

1 奶油放入小鍋中加熱融化。

2 蛋打入調理盆後，以打蛋器攪拌，再倒入細砂糖稍微攪拌。

3 將步驟**2**的材料隔水加熱，並以電動攪拌機高速攪打，當水溫比體溫略高時（觸摸時感到熱），將調理盆移開熱水，改以中速攪打至白色泡沫狀。打至舀起麵糊寫完一個「の」字時，可看到一開始寫的筆劃變模糊呈緞帶狀即可。

4 將米粉過篩加入，以橡皮刮刀攪拌均勻。將放涼至40℃左右的步驟**1**奶油，沿著橡皮刮刀畫圓倒入攪拌。

5 將麵糊倒入模型中，在作業臺上敲一敲，排出空氣。以預熱至180℃的烤箱烘烤25分鐘。稍微放涼後倒扣脫模，撕下烘焙紙，靜置放涼。

6 將蛋糕橫切一半，在下半片抹上果醬，將上半片蓋上。以篩網在表面灑上糖粉，以橘子皮裝飾點綴，就完成了。

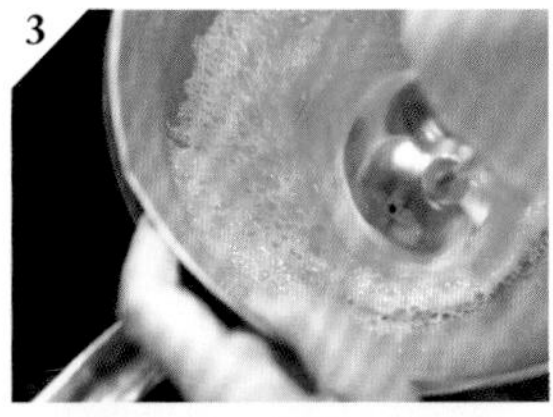

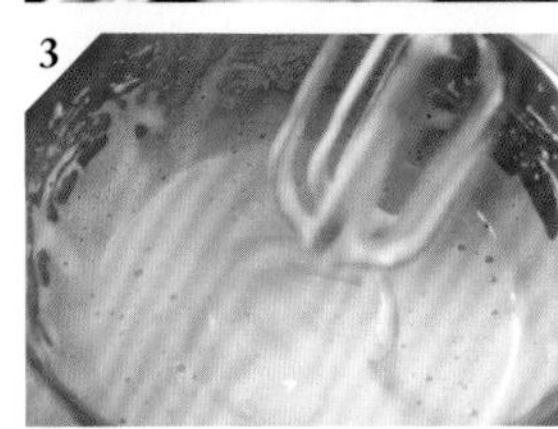

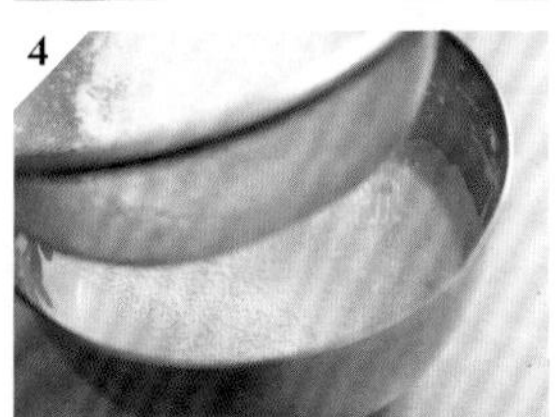

Gâteau classique au chocolat

古典巧克力蛋糕

法國人喜愛的日常甜點——巧克力蛋糕，
使用米粉製作更加爽口。

材料（直徑15cm的海綿蛋糕模1個分）

奶油 … 50g
巧克力 … 70g
可可粉（無糖）… 30g
液態鮮奶油 … 60g
蛋黃 … 50g
細砂糖 … 50g
米粉 … 20g
蛋白 … 75g
細砂糖 … 50g

準備

- 將液態鮮奶油與蛋置於室溫下回溫備用。
- 奶油切成容易融化的大小，並將巧克力切碎。
- 在烤模底部與側面（可在烤模上抹一些分量外的奶油）鋪上烘焙紙，並讓側面的烘焙紙比烤模高約2cm。
- 烤箱預熱至170℃。

◈ 要點

巧克力可以選用調溫巧克力或板狀巧克力。使用可可含量高的調溫巧克力製作，味道會更濃郁。融化調溫巧克力時，切記不要讓溫度超過50℃以上，以確保品質，因此巧克力要切成容易融化且一樣的大小。由於可以利用餘熱，隔水加熱時不需要等到巧克力完全融化才將調理盆移開。

作法

1 將奶油與巧克力放入調理盆中，隔水加熱融化。將調理盆從熱水中移開，加入可可粉攪拌，再倒入液態鮮奶油，並以橡皮刮刀繼續攪拌。

2 另取一個調理盆放入蛋黃，加入50g的細砂糖，以打蛋器畫圓攪拌，接著加入步驟**1**的材料繼續攪拌。

3 加入米粉，並以橡皮刮刀攪拌均勻。

4 將蛋白打入另一個調理盆中，以電動攪拌機打至六分發。剩下的50g細砂糖分3至4次加入，打成蛋白霜。

5 在步驟**3**的調理盆加入步驟**4**的蛋白霜，以橡皮刮刀由外往內翻攪，注意不要弄破蛋白霜的氣泡。
＊使用薄的橡皮刮刀比較不會弄破氣泡。

6 將步驟**5**的麵糊倒入烤模中，放入已預熱至170℃的烤箱中烘烤40分鐘。稍微放涼後脫模，以篩網在表面灑上糖粉即完成。

2

5

6

Grenoble

核桃巧克力磅蛋糕

以兩種麵糊烘焙而成的磅蛋糕。
使用擠花袋就能輕鬆擠出大理石紋路！

材料（18cm×6cm×8cm的磅蛋糕模1個分）

奶油 … 120g
細砂糖 … 110g
蛋 … 2個
A 米粉 … 80g
黃豆粉 … 20g
＊如果沒有黃豆粉，可增加米粉的用量。
泡打粉 … 3g
鹽 … 少許
核桃 … 70g
香草精 … 適量
可可粉（無糖）… 8g
牛奶 … 15g

準備

- 奶油與蛋置於室溫下回溫。將蛋打散。
- 將**A**料混合過篩。
- 核桃大致切碎。
- 在烤模鋪上烘焙紙。
- 以牛奶溶解可可粉。
- 烤箱預熱至230℃。

作法

1. 奶油放入調理盆中，以木鍋鏟翻拌揉合，將細砂糖分2至3次加入攪拌。
2. 將蛋分10次加入，並攪拌均勻。
3. **A**料分兩次加入，並以橡皮刮刀攪拌均勻。
4. 將步驟**3**的材料依大約4：1的比例分成兩分，在較多的那分中加入核桃與香草精攪拌，較少的那分倒入以牛奶溶解的可可粉。
5. 將一半的核桃麵糊倒入烤模中，並將可可麵糊填入裝有直徑1.5cm花嘴的擠花袋中，擠出兩條長條形。倒入剩下的核桃麵糊，再以同樣方式將剩下的可可麵糊擠入，並以橡皮刮刀抹平表面，使中間稍微凹陷。放入預熱至230℃的烤箱，烘烤10分鐘後，再將溫度調至180℃，烘烤30分鐘即完成。

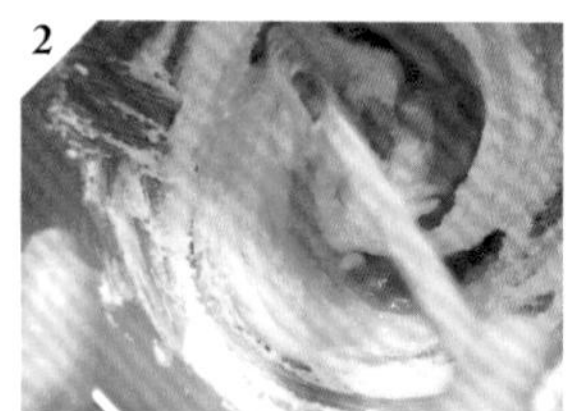

2

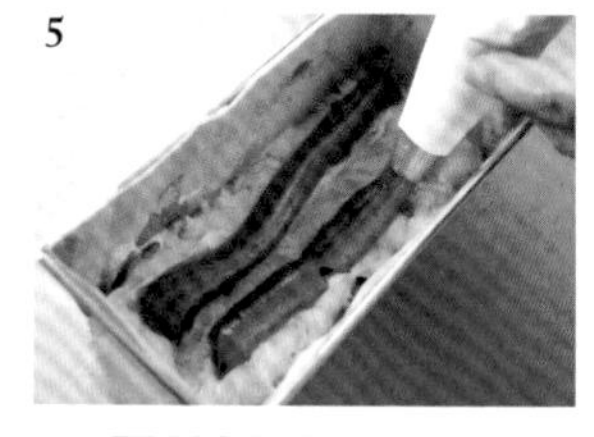

5

5

餐後甜點

Desserts

Desserts

完美的句點・餐後甜點

法國料理不使用砂糖，因此少不了餐後甜點。
本章節為讀者介紹幾款適合作為餐後甜點的烘焙點心。

◈法式餐後甜點

法文的餐後甜點（dessert）一字來自動詞desservir（收拾餐後的桌面），意指餐後將桌面收拾乾淨之後才享用的東西。餐後甜點的習慣從19世紀開始盛行，18世紀法國大革命之後，中產階級、知識分子及政治家逐漸活躍於城鎮之間，他們在咖啡館享用的雪酪或冰淇淋後來演變為餐後甜點。烹煮法式料理時不使用砂糖，因此餐後一般會佐以甜點，基於這個緣故，甜點成為日常生活不可或缺的一部分。到了現代，在上餐後甜點之前，還會有一道前甜點（avant dessert），可以想見甜點在用餐時具有舉足輕重的地位。

◈想嚐嚐的餐後甜點

餐後甜點和其他甜點不同之處在於攜帶性，以及是否使用刀叉食用。由於是餐後享用的甜點，大部分的人喜歡清爽的口感，因此使用水果的餐後甜點相當普遍。其中又以蘋果和檸檬為最受喜愛，以蘋果烘製而成的甜點有翻轉蘋果塔（p.84）；檸檬則有檸檬舒芙蕾（p.88）與檸檬塔（p.90）。小餐館的招牌甜點少不了法式烤布蕾，這道甜點源自於本書也有介紹的加泰隆尼亞布丁（p.89）。還有既是義大利甜點，在法國小餐館也深受青睞的提拉米蘇（p.94）。餐廳必備的還有巧克力甜點，與口感清爽的甜點正好相反，巧克力甜點以其濃郁的風味受到廣大的歡迎。

Tarte Tatin

翻轉蘋果塔

可以充分品嚐蘋果風味的翻轉蘋果塔堪稱絕品！相傳最初是忘記事先鋪上塔皮，於是改將塔皮覆蓋在蘋果上，才出現了這樣一款甜點。

材料（直徑18cm的塔模1個分）

酥塔皮

奶油…50g
米粉…100g
鹽…少許
細砂糖…7g
全蛋液…28至30g

內餡

細砂糖…80至100g
＊可依蘋果甜度調整細砂糖的用量。
水…30g
奶油…20g
蘋果…小的7顆
或大的5顆（約1.5kg）

準備

- 將酥塔皮材料中的奶油切成1cm丁狀。
- 酥塔皮的所有材料（含切成丁狀的奶油）放入冰箱中冷藏。
- 蘋果削皮後切成4等分的半月形（大蘋果則切成8等分）。
- 烤箱預熱至200℃。
- 在翻轉蘋果塔完成之前，預熱烙鐵10分鐘以上。

作法

1 製作酥塔皮（→p.28），將塔皮置於作業臺上並蓋上保鮮膜。將塔皮擀成2mm厚，並切成直徑18cm的圓形。以叉子在表面戳透氣孔（→p.27步驟**1**），放入預熱至200℃的烤箱中烘烤18至20分鐘。

2 製作焦糖：將一半的細砂糖（40至50g）倒入直徑18cm的平底鍋（可進烤箱的平底鍋）中，加入30g的水，以大火加熱至呈焦糖色，再將鍋子從火上移開。

3 待焦糖稍微放涼後，灑上捏碎的奶油，在鍋中排滿蘋果。一邊堆疊蘋果，一邊灑上剩下的細砂糖。

4 將步驟**3**的蘋果連同平底鍋放進烤箱，以200℃烘烤30分鐘。取出平底鍋，將烘焙紙蓋在蘋果上，並將烘焙紙邊緣塞進平底鍋內，以200℃的烤箱再次烘烤30分鐘。
＊若蘋果較硬，可拉長烘烤時間。

5 將蘋果連同平底鍋從烤箱中取出，放在火上加熱，熬煮流出的蘋果汁。

6 組裝：將冷卻的步驟**1**塔皮蓋在蘋果表面，整個倒扣在盤子上即完成。可依個人喜好灑上細砂糖（分量外），以炙熱的烙鐵烙成焦糖色。
＊使用後的烙鐵若沾有細砂糖，可以火烤一下使其炭化，細砂糖自然就會掉下來。

2

3

3

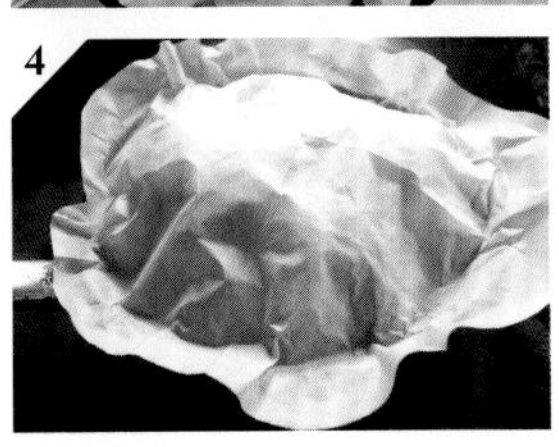
4

Cake à l'orange

柳橙蛋糕

多層次的酸味與多汁的口感令人印象深刻，
是一道清爽的餐後甜點。

材料（直徑18cm的薩瓦林烤模1個分）

麵糊
蛋白 … 2個分
細砂糖 … 60g
蛋黃 … 2個
A 米粉 … 55g
　泡打粉 … 2g
柳橙皮絲 … 1個分
奶油 … 30g

糖漬柳橙
柳橙 … 1個
細砂糖 … 80g
水 … 80g

柳橙糖漿
糖漬柳橙的湯汁 … 30g
柳橙汁 … 40g

最後修飾
柑橘果醬 … 適量

準備

- 將**A**料混合過篩。
- 在烤模塗上一層奶油（分量外），再灑上米粉（分量外），將多餘的米粉抖掉。
- 烤箱預熱至180℃。

作法

1 製作糖漬柳橙：將柳橙切成圓形薄片後放入鍋中，加入細砂糖與80g的水，開火加熱。蓋上烘焙紙，以小火煮至柳橙皮的白色部分消失為止。稍微放涼後將柳橙取出。

2 製作麵糊：奶油放入小鍋中加熱融化。

3 將蛋白打入調理盆中，以電動攪拌機打至六分發。細砂糖分三次加入，每次都以攪拌機打勻，直到拉起攪拌機時會呈現小彎鉤狀，作成蛋白霜。

4 加入蛋黃稍微攪拌，將**A**料過篩加入，再加入柳橙皮絲攪拌。

5 倒入放涼至40℃左右的步驟**1**糖漬柳橙攪拌。將麵糊倒入烤模，放入已預熱至180℃的烤箱中烘烤25分鐘。

6 製作柳橙糖漿：將所列材料混合拌勻。

7 組裝：稍微放涼後，將蛋糕橫切一半，在下半片蛋糕刷上一半分量的步驟**6**糖漿，讓糖漿慢慢滲透進蛋糕裡，再抹上柑橘果醬。蓋上另一片蛋糕，表面刷上剩下的糖漿，最後再以步驟**1**的糖漬柳橙裝飾點綴即可。

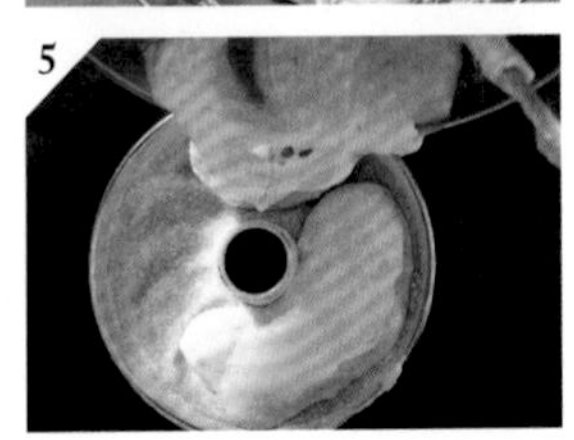

Soufflé aux citron

檸檬舒芙蕾

入口即化的蓬鬆口感，
來一分剛出爐的舒芙蕾吧！

材料

（直徑8cm、高4.5cm的舒芙蕾烤模8個分）

米粉 … 60g
細砂糖 … 80g
牛奶 … 253g
檸檬汁 … 80g
檸檬皮泥 … 1個分
蛋黃 … 4個
蛋白 … 4個分
奶油 … 27g

準備

- 將奶油切成骰子狀。
- 在烤模塗上一層奶油（分量外），再灑上細砂糖（分量外），將多餘的細砂糖抖掉後放入冰箱冷藏。
- 烤箱預熱至180℃。

作法

1 將米粉與一半的細砂糖（40g）倒入調理盆中攪拌。牛奶、檸檬汁及檸檬皮泥放入鍋中煮沸，過篩倒入調理盆中攪拌。

2 將步驟**1**的材料倒回鍋中加熱，煮至黏稠狀。將鍋子從火上移開，加入蛋黃攪拌，再加入奶油，使其融化。

3 蛋白放入另一個調理盆中，以電動攪拌機打至六分發。剩下的細砂糖分三次加入，每次都以攪拌機打勻，直到拉起攪拌機時會呈現小彎鉤狀，作成蛋白霜。接著加入步驟**2**的材料攪拌均勻。

4 將麵糊倒滿整個烤模，以抹刀抹平，再以手指沿著邊緣劃一圈，放入預熱至180℃的烤箱中烘烤25分鐘即完成。可依個人喜好以篩網在表面灑上糖粉（分量外）。

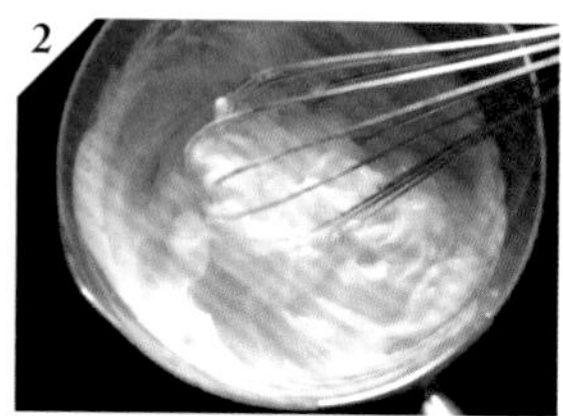

Crème catalane

加泰隆尼亞布丁

法式烤布蕾的原型，作法更加簡單。
是靠近西班牙、過去屬於加泰隆尼亞的地區所發源的甜點。

材料

（直徑10cm的焗烤盤6個分）

蛋 … 2 個
蛋黃 … 1 個
細砂糖 … 40g
米粉 … 10g
牛奶 … 140g
液態鮮奶油 … 140g
香草莢 … 1/3 支

準備

- 在焗烤盤上塗上一層薄薄的奶油（分量外），放入冰箱中冷藏。
- 在加泰隆尼亞布丁完成之前，預熱烙鐵10分鐘以上。

作法

1 將蛋、蛋黃及細砂糖倒入調理盆中，以打蛋器畫圓攪拌。將米粉過篩加入攪拌。

2 將牛奶、液態鮮奶油及切開的香草莢與香草籽倒入鍋中煮沸。

3 將步驟**2**的材料倒入步驟**1**的調理盆中攪拌，過篩倒回鍋中加熱，煮至黏稠狀。倒入焗烤盤中，將表面抹平，稍微放涼後，放進冰箱冷藏1小時以上。

4 灑上細砂糖（分量外），以炙熱的烙鐵烙成焦糖色後就完成了。
＊使用完的烙鐵若沾有細砂糖，可以火烤一下使其炭化，細砂糖自然就會掉下來。

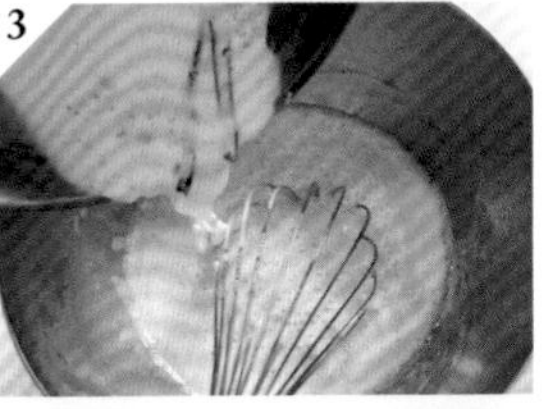
3

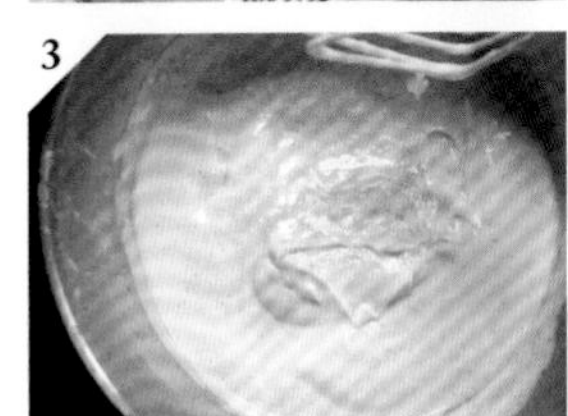
3

Tarte aux citron

檸檬塔

甜塔皮搭配酸甜的檸檬餡，
爽口的檸檬滋味在口中化開。

材料 （直徑18cm的塔模1個分）

甜塔皮
奶油 … 50g
糖粉 … 40g
全蛋液 … 28g
鹽 … 少許
A 米粉 … 100g
　杏仁粉 … 10g

內餡
蛋黃 … 2個
細砂糖 … 36g
檸檬汁 … 50g
米粉 … 1大匙
奶油 … 10g
檸檬皮泥 … 1個分
［蛋白 … 40g
　細砂糖 … 20g

裝飾
液態鮮奶油 … 130g
糖粉 … 8g

準備

- 將**A**料混合過篩。
- 塔皮的奶油與蛋置於室溫下回溫備用。
- 烤箱預熱至180℃。

作法

1 製作甜塔皮（→p.74），將塔皮擀成2mm厚，鋪入烤模中（→p.74），冷藏靜置30分鐘以上。以叉子在表面戳透氣孔，鋪上烘焙紙，倒入烘焙重石，以200℃ 烤10分鐘（過程中調整重石的位置），取出重石與烘焙紙，再烤5分鐘

2 製作內餡：蛋黃放入調理盆中，以打蛋器攪拌，依序加入細砂糖36g、檸檬汁、米粉、奶油及檸檬皮泥。一邊隔水加熱，攪拌至舀起會留有痕跡即可。

3 蛋白放入另一個調理盆中，以電動攪拌機打至六分發。將剩下的細砂糖20g分兩次加入，每次都以攪拌機打勻，直到拉起攪拌機時會呈現小彎鉤狀，作成蛋白霜。

4 將步驟**3**的蛋白霜加入步驟**2**的調理盆中，以橡皮刮刀由外往內翻攪，注意不要弄破蛋白霜的氣泡。
＊使用薄的橡皮刮刀比較不會弄破氣泡。

5 將步驟**4**的蛋白雙倒入步驟**1**的塔皮中，把表面抹成中間稍高的圓頂狀，放入已預熱至180 ℃的烤箱中烘烤20分鐘。

6 液態鮮奶油與糖粉倒入調理盆中，打至9分發，填入裝有星形花嘴的擠花袋中，將鮮奶油擠在放涼的步驟**5**檸檬塔上後就完成了。

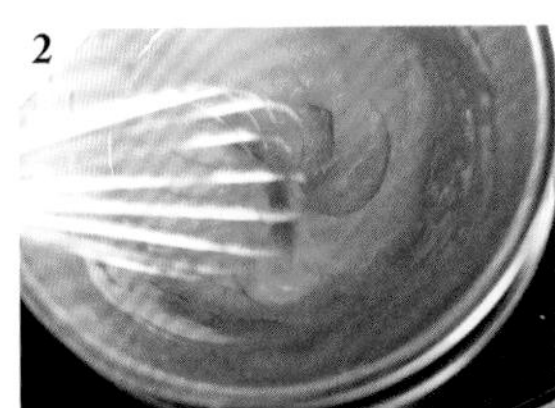
2

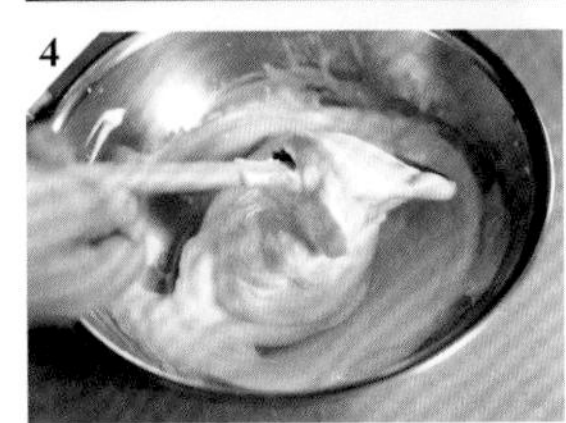
4

5

Bacchus

巴克斯巧克力蛋糕

加入蘭姆酒的濃郁巧克力，是一款大人口味的甜點。
建議使用可可含量70%左右的調溫巧克力製作。

材料

（8cm×20cm×5cm的長方形烤模1個分）

巧克力手指餅乾

蛋白 … 200g
細砂糖 … 30g
A 杏仁粉 … 80g
米粉 … 20g
糖粉 … 100g
可可粉 … 30g

巴克斯甘納許

巧克力 … 220g
液態鮮奶油 … 120g
蜂蜜 … 10g
蘭姆酒 … 20g

巧克力慕絲

液態鮮奶油 … 100g
巧克力 … 50g

內餡

蘭姆葡萄乾 … 適量

準備

- 將**A**料混合過篩。
- 烤箱預熱至200℃。
- 巴克斯甘納許、巧克力慕絲所需的巧克力分別切碎，倒入調理盆中。

作法

1 製作巧克力手指餅乾：蛋白打入調理盆中，以電動攪拌機打至六分發。細砂糖分三次加入，每次都以攪拌機打勻，直到拉起攪拌機時會呈現小彎鉤狀，作成蛋白霜。

2 將**A**料過篩加入步驟**1**的調理盆中，攪拌均勻。

3 將步驟**2**的麵糊倒入鋪有烘焙紙的烤盤上，以抹刀抹成8mm厚，放入預熱至200℃的烤箱中烘烤15分鐘。

4 製作巴克斯甘納許：液態鮮奶油與蜂蜜倒入小鍋中煮至沸騰，再倒入裝有巧克力的調理盆中，使巧克力融化。稍微放涼後，加入蘭姆酒攪拌。

5 製作巧克力慕絲：將巧克力放入調理盆，隔水加熱融化。

6 液態鮮奶油倒入調理盆中，打至9分發（不流動的狀態），再加入放涼至40℃ 的步驟**5**材料中攪拌。

7 組裝：將步驟**3**的手指餅乾切成與烤模相同的大小，總共三片，第一片鋪在烤模底部。灑上瀝乾水分的蘭姆葡萄乾，倒入步驟**4**的巴克斯甘納許，約2/3的量，抹平後再灑上蘭姆葡萄乾。

8 疊上第二片手指餅乾，倒入巧克力慕絲。再疊上第三片手指餅乾，將剩下的巴克斯甘納許預留少量包裹蘭姆葡萄乾用，其餘抹在手指餅乾表面，最後再灑上10顆裹有巴克斯甘納許的蘭姆葡萄乾，放進冰箱冷藏2小時以上凝固即完成。

2

3

7

8

Tiramisu au riz Yukiko原創

米布丁提拉米蘇

法國人也愛的義大利甜點── 提拉米蘇。
將內餡改以法國經典甜點米布丁（riz au lait）製作。

材料

（長度25cm的焗烤盤1個分）

手指餅乾

蛋白 … 2個分
細砂糖 … 60g
蛋黃 … 2個
香草精 … 適量
米粉 … 60g

內餡

米 … 80g
牛奶 … 800g
細砂糖 … 80g
鹽 … 少許
香草莢 … 1/3支
蛋黃 … 2個
馬斯卡彭起司 … 120g
蛋白 … 2個分
細砂糖 … 10g

咖啡糖漿

即溶咖啡 … 6g
水 … 80g
細砂糖 … 70g
柑曼怡酒（Grand Marnier）
… 1大匙

裝飾

可可粉（無糖）… 適量
液態鮮奶油 … 100g

準備

- 烤箱預熱至180℃。
- 香草莢切開取出香草籽。

作法

1 製作手指餅乾：蛋白放入調理盆中，以電動攪拌機打至六分發。細砂糖分三次加入，每次都以攪拌機打勻，直到拉起攪拌機時會呈現小彎鉤狀，作成蛋白霜。

2 加入蛋黃與香草精，以橡皮刮刀攪拌。將米粉過篩加入，以橡皮刮刀由外往內翻攪，注意不要弄破蛋白霜的氣泡。

3 將步驟**2**的材料倒入鋪有烘焙紙的烤盤中，以抹刀抹成約1cm厚，以篩網在表面灑上糖粉，放入預熱至180℃的烤箱中烘烤13分鐘。

4 製作內餡：將米、牛奶、細砂糖80g、鹽及香草籽倒入鍋中，以小火熬煮。加熱時以木鍋鏟不斷在鍋底攪拌，煮至水分剩下約三分之一。

5 稍微放涼後，加入蛋黃、馬斯卡彭起司攪拌。

6 另取一調理盆放入蛋白，以電動攪拌機攪打，將剩下的細砂糖10g分兩次加入，每次都以攪拌機打勻，直到拉起攪拌機時會呈現小彎鉤狀，作成蛋白霜。將蛋白霜加入步驟**5**的調理盆中，以橡皮刮刀攪拌均勻。

7 製作咖啡糖漿：將柑曼怡酒以外的材料倒入小鍋中煮沸，稍微放涼後，加入柑曼怡酒攪拌。

8 組裝：將步驟**1**的手指餅乾切成與焗烤盤底部相同尺寸的兩片，一片鋪在焗烤盤底部，刷上一半的步驟**7**咖啡糖漿。以篩網在整個表面灑上可可粉，倒入一半的步驟**6**內餡。

9 疊上另一片手指餅乾，刷上剩下的咖啡糖漿。以篩網在整個表面灑上可可粉，倒入剩下的步驟**6**內餡，放進冰箱冷藏2小時以上。

10 將液態鮮奶油打至9分發，抹在步驟**9**的蛋糕表面，最後以篩網在整個表面灑上可可粉就完成了。

2

3

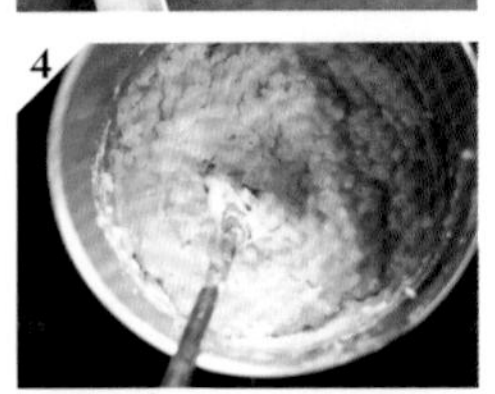
4

6

8

烘焙良品 86

烘焙新手也能作的 無麩質法式甜點：以米粉作40道絕對好吃的經典甜點

作　　者／大森由紀子
譯　　者／鄭昀育
發 行 人／詹慶和
總 編 輯／蔡麗玲
執行編輯／陳昕儀
編　　輯／蔡毓玲・劉蕙寧・黃璟安・陳姿伶・李宛真
執行美編／周盈汝
美術編輯／陳麗娜・韓欣恬
出版者／良品文化館
郵政劃撥帳號／18225950
戶名／雅書堂文化事業有限公司
地址／220新北市板橋區板新路206號3樓
電子信箱／elegant.books@msa.hinet.net
電話／(02)8952-4078
傳真／(02)8952-4084

2019年1月初版一刷　定價350元

KOMUGIKO NASHI DE OISHI FRANCE KASHI
©YUKIKO OMORI 2016
Original published in Japan in 2016 by Seibundo Shinkosha Publishing Co., Ltd.,
Traditional Chinese translation rights arranged with Seibundo Shinkosha Publishing Co., Ltd.,
through TOHAN CORPORATION, and Keio Cultural Enterprise Co., Ltd.

經銷／易可數位行銷股份有限公司
地址／新北市新店區寶橋路235巷6弄3號5樓
電話／（02）8911-0825 傳真／（02）8911-0801

國家圖書館出版品預行編目(CIP)資料

烘焙新手也能作的無麩質法式甜點：以米粉作40道絕對好吃的經典甜點 / 大森由紀子著；鄭昀育譯. -- 初版. -- 新北市：良品文化館出版：雅書堂文化發行, 2019.01
　面；　公分. -- (烘焙良品；86)
譯自：小麦粉なしでおいしいフランス菓子：グルテンフリーでカラダにいいことはじめました
ISBN 978-986-96977-7-4(平裝)
1. 點心食譜

427.16　　107022559

STAFF

設計：マルサンカク
攝影：吉田篤史
造型：大森由紀子、平山祐子
烘焙助理：村田佑介
企劃・編輯：平山祐子

攝影協力
・M'amour　マムール
東京都目黑區下目黑5-1-11
Tel & Fax 81-3-3716-1095
http://www.m-amour.com/
器皿：p.3、20、26、27、54、55、59、60、62、63、64、72、78、79、94
桌布：p.26、27、40、47、62、63
蕾絲襯紙：p.22、29、70
・UTUWA

材料協力
・中沢乳業株式会社　中沢フーズ株式会社
（奶油、液態鮮奶油、牛奶）
http://www.nakazawa.co.jp/
・日清製粉株式会社（米粉）
http://www.nisshin.com/

就是要任性地「健康」與「美味」兼具！

從基礎餅乾到夢幻蛋糕，全圖解食譜收錄。

以米粉或黃豆粉代替麵粉，避開小麥過敏、降低麵粉依賴、控制體重、整頓腸胃，最重要的是還能吃得開心又滿足。本書同時包含以豆漿代替牛奶、椰子油代替奶油的食譜，以及近年來大人氣的雲朵麵包，無麩質飲食也能這麼有趣多變！

33 道零麩質的米粉 & 黃豆粉甜點：
無麵粉 + 低醣 + 低脂 = 好吃！

木村幸子◎著
定價 350 元

烘焙良品 19
愛上水果酵素手作好料
作者：小林順子
定價：300元
19×26公分・88頁・全彩

烘焙良品 20
自然味の手作甜食
50道天然食材&愛不釋手的 Natural Sweets
作者：青山有紀
定價：280元
19×26公分・96頁・全彩

烘焙良品21
好好吃の格子鬆餅
作者：Yukari Nomura
定價：280元
21×26cm・96頁・彩色

烘焙良品22
好想吃一口的
幸福果物甜點
作者：福田淳子
定價：350元
19×26cm・112頁・彩色＋單色

烘焙良品23
瘋狂愛上！有幸福味の
百變司康&比司吉
作者：藤田千秋
定價：280元
19×26 cm・96頁・全彩

烘焙良品 25
Always yummy！
來學當令食材作的人氣甜點
作者：磯谷 仁美
定價：280元
19×26 cm・104頁・全彩

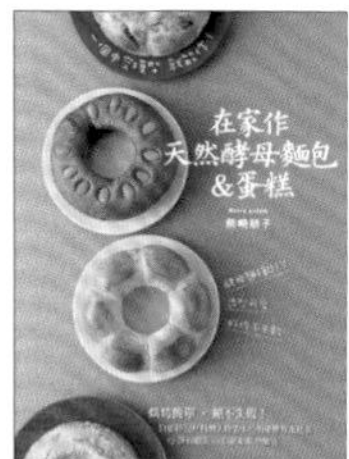

烘焙良品 26
一個中空模型就能作！
在家作天然酵母麵包&蛋糕
作者：熊崎 朋子
定價：280元
19×26cm・96頁・彩色

烘焙良品 27
用好油，在家自己作點心：
天天吃無負擔・簡單作又好吃
作者：オズボーン未奈子
定價：320元
19×26cm・96頁・彩色

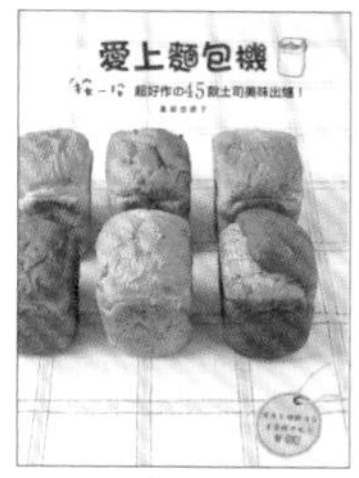

烘焙良品 28
愛上麵包機：按一按，超好作の45款土司美味出爐！
使用生種酵母&速發酵母配方都OK！
作者：桑原奈津子
定價：280元
19×26cm・96頁・彩色

烘焙良品 29
Q軟喔！自己輕鬆「養」玄米酵母 作好吃の30款麵包
養酵母3步驟，新手零失敗！
作者：小西香奈
定價：280元
19×26cm・96頁・彩色

烘焙良品 30
從養水果酵母開始，
一次學會究極版老麵×法式甜點麵包30款
作者：太田幸子
定價：280元
19×26cm・88頁・彩色

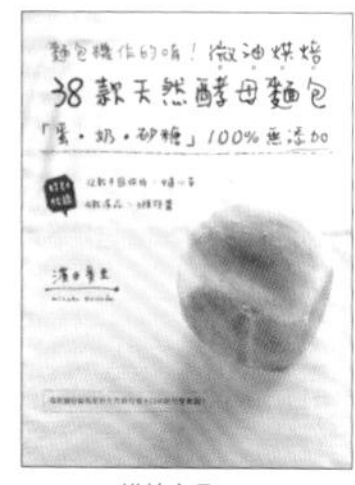

烘焙良品 31
麵包機作的唷！
微油烘焙38款天然酵母麵包
作者：濱田美里
定價：280元
19×26cm・96頁・彩色

烘焙良品 32
在家輕鬆作，
好食味養生甜點&蛋糕
作者：上原まり子
定價：280元
19×26cm・80頁・彩色

烘焙良品 33
和風新食感・
超人氣白色馬卡龍：
40種和菓子內餡的精緻甜點筆記！
作者：向谷地馨
定價：280元
17×24cm・80頁・彩色

烘焙良品 34
48道麵包機食譜特集！
好吃不發胖の低卡麵包PART.3
作者：茨木くみ子
定價：280元
19×26cm・80頁・彩色

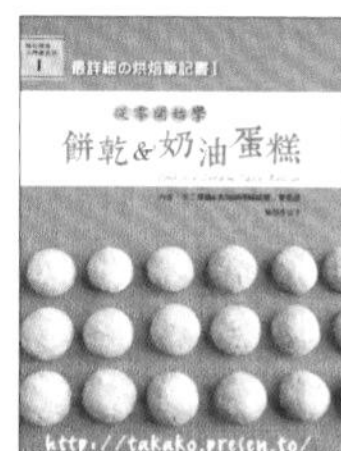

烘焙良品 35
最詳細の烘焙筆記書I
從零開始學餅乾&奶油麵包
作者：稲田多佳子
定價：350元
19×26cm・136頁・彩色

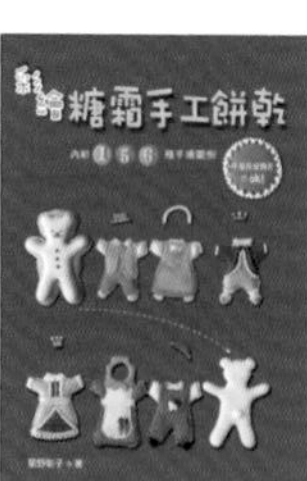

烘焙良品 36
彩繪糖霜手工餅乾
內附156種手繪圖例
作者：星野彰子
定價：280元
17×24cm・96頁・彩色

烘焙良品37
東京人氣名店
VIRONの私房食譜大公開
自家烘焙5星級法國麵包！
作者：牛尾 則明
定價：320元
19×26cm・96頁・彩色

烘焙良品38
最詳細の烘焙筆記書II
從零開始學起司蛋糕&瑞士卷
作者：稲田多佳子
定價：350元
19×26cm・136頁・彩色

烘焙良品39
最詳細の烘焙筆記書III
從零開始學戚風蛋糕&巧克力蛋糕
作者：稲田多佳子
定價：350元
19×26cm・136頁・彩色

烘焙良品40
美式甜心So Sweet！
手作可愛の紐約風杯子蛋糕
作者：Kazumi Lisa Iseki
定價：380元
19×26cm・136頁・彩色

烘焙良品41
法式原味&經典配方：
在家輕鬆作美味的塔
作者：相原一吉
定價：280元
19×26公分・96頁・彩色

烘焙良品42
法式經典甜點
貴氣金磚蛋糕：費南雪
作者：菅又亮輔
定價：280元
19×26公分・96頁・彩色

烘焙良品43
麵包機OK！初學者也能作
黃金比例の天然酵母麵包
作者：濱田美里
定價：280元
19×26公分・104頁・彩色

烘焙良品 44
食尚名廚の超人氣法式土司
全錄！日本 30 家法國吐司名店
授權：辰巳出版株式会社
定價：320元
19×26 cm・104頁・全彩

烘焙良品 45
磅蛋糕聖經
作者：福田淳子
定價：280元
19×26公分・88頁・彩色

烘焙良品 46
享瘦甜食！
砂糖OFFの豆渣馬芬蛋糕
作者：粟辻早重
定價：280元
21×20公分・72頁・彩色

烘焙良品 47
一人喫剛剛好！零失敗の
42款迷你戚風蛋糕
作者：鈴木理惠子
定價：320元
19×26公分・136頁・彩色

烘焙良品 48
省時不失敗の聰明烘焙法
冷凍麵團作點心
作者：西山朗子
定價：280元
19×26公分・96頁・彩色

烘焙良品 49
棍子麵包・歐式麵包・山形吐司
揉麵&漂亮成型烘焙書
作者：山下珠緒・倉八冴子
定價：320元
19×26公分・120頁・彩色

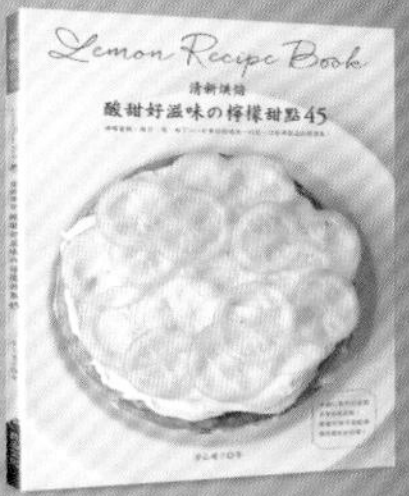

烘焙良品66
清新烘焙・酸甜好滋味の
檸檬甜點45
作者：若山曜子
定價：350元
18.5 × 24.6 cm・80頁・彩色

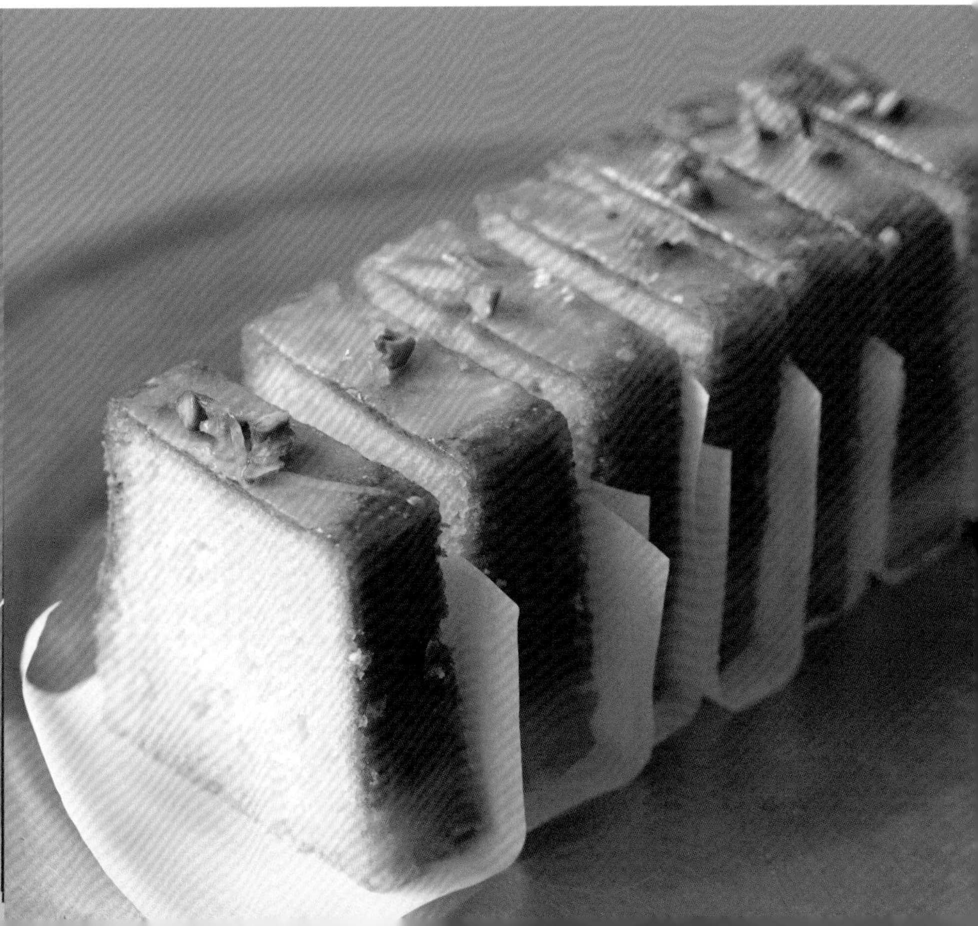

Pâtisserie française sans gluten